锌冶金渣尘资源化处理新技术

马爱元　著

北　京

冶　金　工　业　出　版　社

2020

内 容 提 要

本书是作者基于多年从事含锌冶金固体废弃物处理研究所取得的相关研究成果编写而成的,主要内容是围绕湿法炼锌渣和钢铁冶炼渣尘处理关键技术,举经典的案例全面阐述了含锌冶炼废物微波干燥新技术、微波脱氟氯新技术、酸法回收锌工艺、氨法回收锌新工艺。全书共分5章,主要反映了作者在微波冶金领域以及湿法炼锌领域的最新研究成果和取得的进展。

本书可供冶金、材料、化工、环境等相关科研和工程技术人员阅读,也可供相关专业师生参考。

图书在版编目(CIP)数据

锌冶金渣尘资源化处理新技术/马爱元著. —北京:
冶金工业出版社,2020.12
ISBN 978-7-5024-8653-2

Ⅰ.①锌… Ⅱ.①马… Ⅲ.①锌渣—金属粉尘—废物综合利用 Ⅳ.①TF813

中国版本图书馆 CIP 数据核字(2020)第 242724 号

出　版　人　苏长永
地　　　址　北京市东城区嵩祝院北巷 39 号　邮编　100009　电话　(010)64027926
网　　　址　www.cnmip.com.cn　电子信箱　yjcbs@cnmip.com.cn
责任编辑　杨盈园　郭雅欣　美术编辑　郑小利　版式设计　禹　蕊
责任校对　石　静　责任印制　禹　蕊
ISBN 978-7-5024-8653-2

冶金工业出版社出版发行;各地新华书店经销;北京中恒海德彩色印刷有限公司印刷
2020 年 12 月第 1 版,2020 年 12 月第 1 次印刷
169mm×239mm;11.75 印张;228 千字;179 页
69.00 元

冶金工业出版社　投稿电话　(010)64027932　投稿信箱　tougao@cnmip.com.cn
冶金工业出版社营销中心　电话　(010)64044283　传真　(010)64027893
冶金工业出版社天猫旗舰店　yjgycbs.tmall.com
(本书如有印装质量问题,本社营销中心负责退换)

前　言

锌是重要的有色金属，可制备防腐蚀的镀层（如镀锌板）、制造铜合金、铸造锌合金、加工成氧化锌粉等，是国防建设的关键材料和高技术发展的支撑材料以及国民经济的基础材料，在国民经济与国防建设中具有重要的战略地位。近些年，随着我国经济高速发展，我国的金属锌矿资源逐渐减少，锌矿产资源短缺、品位低、成分复杂等因素严重制约锌金属的供给。

充分回收冶金废渣中的有价金属，才能做到最大程度对金属资源进行利用。加强基础科学问题的研究是促进固废资源化和无害化的关键，通过对基础科学问题的研究，能够将固废资源化应用推到一个新的阶段和新的高度。业界人士有必要对冶金废渣中有价金属的回收技术进行进一步的研究，从而促进行业的可持续发展。

本书作者对含锌冶金渣尘资源综合利用方面的关键性问题进行调研，将相关基础研究成果归纳为 5 章。其中第 1 章主要介绍含锌冶炼固废物资源综合回收利用现状；第 2 章针对湿法炼锌过程产生的酸性浸出渣、中和铁渣等一类高含水渣尘，其在资源综合利用回收前需进行脱水预处理，提出了微波低温清洁干燥技术，以实现节能环保技术的开发；第 3 章针对湿法炼锌流程氧化锌烟尘中氟、氯含量高导致能耗高、电锌质量低等关键性问题，提出氧化锌烟尘脱氟氯预处理，主要介绍空气活化微波焙烧氧化锌烟尘脱氯及水蒸气活化微波焙烧氧化锌烟尘脱氟氯新工艺；第 4 章主要介绍常规酸法浸出氧化锌烟尘回收锌工艺；第 5 章以典型的钢铁冶炼高炉瓦斯灰及难处理复杂含锌渣尘混合物料作为研究对象，主要介绍 NH_3-NH_4Cl-H_2O 体系、NH_3-$(NH_4)_2SO_4$-

H_2O 体系、NH_3-$(NH_4)_2CO_3$-H_2O 体系、NH_3-$(NH_4)_3AC$-H_2O 体系及 NH_3-CH_3COONH_4-H_2O 体系提锌新工艺，并阐述了含锌冶金渣尘浸出机理。

本书涵盖了锌冶金渣尘资源综合利用过程中的系列关键性问题，内容丰富、系统，创新性强，反映了作者近年来在该领域的学术成果和研究成果。本书可供高等院校冶金、材料、化工、环境等相关专业教学以及相关领域的科研和工程技术人员阅读和参考，也可作为相关专业研究生的教学参考书。

本书诸多研究工作得到了昆明理工大学微波冶金团队的大力支持，感谢张利波教授、李世伟教授等专家对相关科学研究工作的辛勤付出和指导。感谢贵州省科技计划重点项目（项目号：黔科合基础〔2019〕1444）、贵州省科技拔尖人才支持计划项目（项目号：黔教合 KY 字〔2018〕066）、贵州省煤炭洁净利用重点实验室（黔科合平台人才〔2020〕2001）、六盘水冶金节能环保与循环经济重点实验室（项目号：52020-2018-0304）、六盘水师范学院冶金固废资源综合利用科技创新团队（项目号：LPSSYKJTD201801）和六盘水师范学院冶金工程重点学科给予本书涉及相关研究项目和工作的持续资助。

本书内容涉及冶金、材料、化学、物理等多个学科。由于作者水平所限，书中不妥之处，敬望广大读者不吝批评指正。

马爱元

2020 年 8 月

目　录

1 绪 论

1.1 含锌冶金固废物资源现状

锌是重要的有色金属，可制备防腐蚀的镀层（如镀锌板）、制造铜合金、铸造锌合金、加工成氧化锌粉等，是国防建设的关键材料和高技术发展的支撑材料以及国民经济的基础材料，在国民经济与国防建设中具有重要的战略地位。锌是第三大有色金属，其产量仅次于铝和铜，我国连续 14 年锌消费量全球第一，但由于锌矿产资源短缺、品位低、成分复杂等因素导致锌金属供给严重不足，自给率已不足 80%。

在循环经济条件下，对于冶炼废弃物综合利用的研究应运而生，其中钢铁生产过程中产出的含锌粉尘约占钢铁产量的 8%~12%，其生产量及堆存量巨大，且成分中含有大量的铁、铅、锌等微量元素，面对金属资源短缺以及处理含锌尘泥面临的环境污染问题，有效回收利用非传统资源已引起各国冶金企业和研究者关注。钢铁厂含锌粉尘根据含锌量高低可分为高锌粉尘（Zn>20%）、中高锌粉尘（Zn 8%~20%）、中锌粉尘（Zn 4%~8%）、中低锌粉尘（Zn 1%~4%）和低锌粉尘（Zn<1%）。按生产工序钢铁厂含锌粉尘亦可分为：瓦斯灰和瓦斯泥，炼铁原料中 95%~98% 的锌以挥发物形式进入粉尘，粉尘的锌含量是原料中的 20~30 倍；转炉粉尘中铁含量较高；电炉炼钢大多来自镀锌废钢，因此电炉粉尘含锌较高；其他粉尘，如烧结粉尘。据统计，我国作为世界第一钢铁生产大国，年产瓦斯灰约 500 万~700 万吨，金属锌含量在 50 万吨以上。

高炉瓦斯灰（泥）的产出过程比较复杂，其粒度细微，由于高炉炼铁过程中使用的铁矿石、焦炭、石灰石、白云石以及萤石等原料经过高炉内部不同温度区域氧化-还原等物理化学变化，收集的粉尘中含有多种元素的自由态和复合物，其中以 Fe_2O_3、ZnO、Al_2O_3、SiO_2、CaO、MgO 和 PbO 成分居多，另外还有上述元素为主的硫化物、硫酸盐、碳酸盐等形式存在的物质，成分比较复杂，其中有些成分会随原料、工艺、设备的不同含量有很大变化，但主要成分保持不变。采用扫描电镜（SEM）及能谱（EDX）对高炉炼铁粉尘的 Zn 赋存形态进行深入分析，认为 Zn 可能以 ZnO、$ZnFe_2O_4$、$ZnSiO_3$、$ZnSO_4$、$ZnCl_2$ 等形式存在。分析结果还指出粉尘中磁铁矿为主要矿物，其次为赤铁矿和脉石。矿物颗粒粒度很小，磁铁矿、赤铁矿等铁矿物与脉石相互嵌布、黏结，单体解离度较高，其中瓦斯灰中的矿物粒度一般在 $40\sim120\mu m$ 之间，炭黑粒度在 $5\mu m$ 以下，脉石表面常有细小颗粒的铁矿物嵌布及炭粉连接，铁矿物的单体解离度约为 88%。

随着钢铁工业迅速发展，高炉不断趋向大型化，粉尘量与日俱增，由于长期得不到有效的回收处理，粉尘堆放空间逐年减少，1976 年，美国环保机构（EPA）制定相关法律，将含铅锌的钢铁厂粉尘划归为 K061 类物质（有毒固体废物），要求对其中铅、锌等进行回收或钝化处理，否则需密封堆放到指定位置，继美国之后，西方各国及日韩等国都制定了类似法律。目前美国的处理比例为 10%~14.5%，西班牙能达到 60%，而日本和德国已接近 100%，日本是较早处理这类渣尘的国家，主要有回转窑法和转底炉法，新日铁使用转底炉年处理电炉粉尘 19 万吨，锌挥发率达 90% 以上，氧化锌的收集含量超过 60%，为回收处理锌元素提供了有利条件。

另外，除了高炉冶炼过程中产出的含锌瓦斯泥（灰）以及电弧炉熔炼过程产出的含锌烟尘外，还有部分铅锌冶炼过程中炼铅炉渣挥发后的含锌烟尘及湿法炼锌渣同样含有可回收利用的金属锌。近几年我国生产的金属铅维持在 500 万吨左右，铅冶炼过程中炉渣含锌约 10%，经过烟化炉挥发得到次氧化锌烟灰，次氧化锌烟灰年产量近 60 万吨；此外，世界上 80% 的锌通过湿法炼锌生产，冶炼过程产生大量的含锌浸出渣，但成分多含 Fe（最高达 14%）、Ca（最高达 19%）、Cl（最高达 12%）、F（最高达 2%）等多种杂质的次生氧化锌，锌多以 ZnO、$ZnFe_2O_4$、Zn_2SiO_4 等形式存在，铁主要以 Fe_3O_4 和锌铁尖晶石形式存在，钙主要以碳酸钙和含铁锌钙的硅酸盐形式存在。

与国外相比，我国渣尘回收利用进展较缓慢并且起步较晚，多数研究停留在实验室阶段，且目前回收利用达不到预计效果，综合利用方面的研究较少。

1.2　含锌冶金渣尘回收处理技术研究现状

1.2.1　物化处理

类似于钢铁企业生产的高炉粉尘，由于钢铁企业的粉尘一般含有大量的 Fe，且含有 CaO、MgO 等有益于烧结成分，尤其是高炉粉尘中还有大量的 C 元素，因此国内很多钢铁企业将其作为配料返回烧结处理，实现高炉粉尘企业内部循环再利用，前提是在高炉粉尘锌含量较低的情况下，可直接配入烧结作为炼铁原料。该方法的优点是：成本低、见效较快，工艺简单，但是，该方法无法脱除高炉粉尘中的锌等有价金属。

由于高炉炼铁粉尘中的铁主要以赤铁矿、磁铁矿形式存在，采用磁选、重选等方法加以回收利用，粉尘中的碳主要以焦炭的形式存在，比重较轻，表面疏水亲油，可浮性良好，故可采用浮选方法将其分离提取。新余钢铁公司高炉瓦斯泥的铁含量在 30% 左右，碳含量大于 20%，实验对磨矿—磁选—重选—浮选和磨矿—浮选—重选两种联合流程进行比较，认为后者经济更合理，最终可获得全铁含量大于 62%、产率大于 30% 的铁精矿和碳含量大于 75%、产率为 24.33% 的碳精矿。丁忠浩等人对武钢高炉瓦斯泥进行微泡浮选柱浮选工艺研究，最终实验结果得到三种工艺产品：铁精矿品位 56%，碳精矿品位 65%，附带另一种矿产品，三种产品均能被回收利用，其经济效益以及环境效益可观。

另外，将冶金粉尘与黏土均匀混合进行固化处理，然后在高温下处理，实验证实，经高温处理后的重金属离子可被黏土中的其他物质包裹起来，变得相对稳定，该方法操作简单，易于实现除尘的无害化处理，处理后的粉尘可保持长期的稳定性，符合环保部门的填埋指标，固化后的冶金粉尘可就地填埋或用于修路等，但固化费用较高。SuperDetox 技术为固化的一种，处理过程是将粉尘与铝、硅氧化物，石灰以及其他添加剂混合，使重金属离子氧化还原且沉淀于铝、硅氧化物之中，处理后的粉尘通过浸出实验，可直接填埋。固化的另一种方法就是高炉粉尘用作水泥生产原料，这也是目前高炉粉尘处理应用中采用较多和较成熟、普遍的方法。

1.2.2 火法处理

火法处理含锌冶金渣尘是基于锌易挥发的性质，在炉窑中配入还原剂，还原成单质锌挥发进入烟尘，在收尘装置中又重新氧化为氧化锌，得到含锌较高的次氧化锌，通过回收装置进行收集，挥发锌的窑渣返回进行烧结配料，回收其中的铁。目前处理高炉含锌粉尘较为成熟的工艺有回转窑工艺、冷固结球团法、循环流化床及环形炉工艺等。对于湿法炼锌浸出渣的火法处理工艺主要有回转窑挥发法、烟化炉挥发法以及鼓风炉处理技术等。然而采用火法处理在一定程度上存在缺陷：（1）回转窑工艺及挥发处理方法存在成本高、焦耗大、有价金属回收率低，产品质量较差等缺点；（2）环形炉工艺由于球团抗压强度普遍偏低，对原料要求较为苛刻，如锌含量较低和全铁含量较高的高炉粉尘就不适宜该方法；（3）循环流化床法由于粉尘非常细小，锌灰纯度会被降低；（4）操作状态不够稳定，较低的温度有利于炉料黏结，同时也会相应降低生产效率；（5）冷固结球团法无法使用锌含量超标的粉尘进行造球，效率低、能耗大，并且原料成分的不稳定性会给整个工艺带来不确定性因素。因此火法处理锌工艺逐步被削弱甚至淘汰。

1.2.3 湿法处理

基于火法处理含锌冶金渣尘具有能耗高、易于造成二次污染，同时难以得到纯度高的含锌产品。国内外研究学者寻求湿法途径回收其中有价金属锌。高炉粉尘中锌主要以氧化物的形式存在，少量呈铁酸锌形态存在，铁主要以磁铁矿、赤铁矿的形式存在。氧化锌是一种两性氧化物，可溶于酸和碱溶液。湿法回收工艺就是利用氧化锌的这种性质，采用不同的浸出剂，将锌从中分离出来。酸法浸出控制好酸性浸出溶液的酸度，可以将铁的浸出率控制在较低水平；碱法浸出利用氧化锌溶于碱而铁不溶的特性浸出分离锌。

1.2.3.1 酸法浸出

酸法浸出的原理是利用氧化锌易溶于一定浓度的酸，锌被浸出进入浸出液中，同时控制好工艺条件，尽量减少铁的浸出。根据浸出剂的种类不同浸出可分为强酸浸出（硫酸、盐酸）和弱酸浸出。可能发生的化学反应如下：

$$ZnO + 2H^+ \longrightarrow Zn^{2+} + H_2O \tag{1-1}$$

$$ZnO \cdot Fe_2O_3 + 8H^+ \longrightarrow Zn^{2+} + 2Fe^{3+} + 4H_2O \tag{1-2}$$

Zeydabadi 等提出用浸出—除杂—Lix622 或 Lix984 萃取—电积工艺提取有价金属锌（原料含锌 2.52%）。得出最优实验条件为：室温，硫酸浓度 10mol/L，浸出时间 1h，固液比 1∶10，Zn 的浸出率为 82%，Fe 浸出率仅为 5%，浸出温度对 Zn 的浸出影响不大，而 Fe 随浸出温度升高而增大。Tsakiridis 等人通过硫酸浸出—黄钾铁矾法除铁—Cyanex272 萃取—电积工艺以电锌板的形式回收其中的锌（含锌 25.29% 的钢铁烟尘）。实验结果得出用稀硫酸浸出电弧炉烟灰的最佳条件为：硫酸浓度 1.5mol/L，反应温度 60℃，反应时间 6h，液固比 10∶1，得到锌的浸出率为 80%，但铁的浸出率高达 45%。浸出渣经过 XRD 分析，得出残余的锌主要是以铁酸锌形式存在。除铁实验得出，在 pH 值为 3.5，温度为 95℃，常压下，99% 的铁以黄钾铁矾 [$KFe_3(SO_4)_2(OH)_6$] 的形式从浸出液中除去，此时锌的损失率仅 5%。Cyanex272 萃锌的最佳实验条件为：萃取平衡 pH 值为 3.5，温度 40℃，萃取剂浓度 25%；用含 Zn^{2+} 62.5g/L，3mol/L H_2SO_4 废电解液作为反萃剂，在相比为 2∶1，温度 40℃ 进行反萃，得到含 Zn^{2+} 80.37g/L，180g/L 的 H_2SO_4 的电解新液。新液进行电积实验得到合格的阴极锌板。针对铅、锌含量较高的高炉粉尘，Herck 等人提出利用盐酸做浸出剂，次氯酸钠做氧化剂进行浸出，得到锌的浸出率为 95%，铅的浸出率为 92%，较之不加氧化剂的条件下，锌的浸出率提高 16%~18%，铅的浸出率也有所增加，浸出渣中锌的存在形态主要是硫化物和铁酸锌，加入氧化剂后，浸出渣中锌主要以铁酸锌形式存在。Willem 等人发明了两段酸浸法处理钢铁烟尘新工艺。该工艺包括一段常压浸出和二段加压浸出。一段常压浸出终点 pH 值控制在 2~3.5，最好控制在 2.5~3.5，以限制烟灰中铁的溶解及将二段浸出液中的铁沉降下来进入渣中；一段浸出完以后进行沉降分离，上清液送净化除杂回收锌，底流送二段高压浸出。二段浸出用锌硫酸溶液或废电解液加入高压釜浸出底流中残留的锌，二段浸出液返一段浸出，在加压浸出过程绝大部分浸出的铁又以赤铁矿的形式进入渣中。该工艺能够最大限度提高锌的浸出率，同时不会造成铁大量浸出，进入浸出液中，但是此工艺存在处理成本高、操作不稳定等缺点，不适合处理含较少难溶铁酸锌的钢铁烟尘。Barrett 等人提出利用高浓度的醋酸处理钢铁烟灰，大部分重金属及钙被浸出进入浸出液中，加入硫化氢以硫化物的形式沉淀重金属，加入硫酸以石膏的形式沉淀钙离子。张金保以南昌钢铁厂高炉瓦斯灰为原料（氧化锌占总锌 87.97%，金属锌占总锌 7.12%），提出运用炼铁过程产生的 CO_2 加压浸出高炉粉尘，锌浸出率约为58%，若加入少量的无机酸可使锌浸出率提高到 78% ~ 85%，得到的浸出液经锌粉除杂，煅烧洗涤后得到 99.9% 的氧化锌。

Sethurajan 等人通过添加氢氧化钠和硫化钠控制浸出液 pH 值在 5.5 ~ 6.6，采用 0.1 ~ 0.5mol/L 的硫酸处理回收锌浸出渣中的锌，其中浸出渣中锌约 5%，铁含量为 6.5% ~ 11.5%，Ca 含量约 7% ~ 9%，SiO_2 约 25% ~ 30%，同时含有 Cu、Cd 和 Pb 等金属元素，结果显示在 80℃ 下，控制液固比为 50∶1，硫酸浓度为 1mol/L，搅拌速度 150r/min 条件下浸出 6h，浸出率为 90.03%。Fattahi 等人采用 0.15mol/L 的硫酸对含锌 21.4% 的锌浸出渣进行回收处理，控制浸出温度 60℃，液固比 20∶1，浸出 90min 后锌浸出率为 81.5%。Hollagh 等人对含锌 28.39% 的锌浸出渣进行硫酸浸出，控制 pH 值为 3，搅拌速度为 700r/min，液固比 8∶1，浸出温度 35℃ 条件下浸出 90min 锌浸出率可达到 98%。

强酸浸出含锌钢铁烟尘具有锌浸出率高、渣含锌低且可直接返回炼铁系统回收铁、碳等有价金属，但强酸浸出增加了高炉粉尘中铁的溶出，使浸出液含铁较高，必须在后续增加除铁工序，同时强酸浸出对设备耐腐蚀能力要求较高。弱酸浸出可避免大量铁的溶出且对设备的腐蚀性较弱，但是弱酸浸出锌的浸出率较低，渣含锌依然很高，不能直接返回配料处理，只能以含锌较高的副产品的形式回收锌，价值较低，需要进一步处理。

1.2.3.2 碱法浸出

碱法是用如 NaOH 碱溶液对含锌冶金渣尘进行浸出，除去杂质或回收有价金属。酸法对设备腐蚀比较严重，而碱法工艺对设备的腐蚀相对较轻。

Orhan 研究利用 NaOH 浸出—锌粉置换—碱法电积回收其中的锌（钢铁烟尘含锌 33%），最佳优化条件为浸出温度 95℃、NaOH 浓度 10mol/L、液固比 7∶1、浸出时间 2h，锌浸出率达 85%，浸出液通过锌粉置换，除去 Pb、Cu、Cd 等杂质，50℃ 下，锌粉用量为理论量的 1.2 倍，反应 3h，得浸出液含 Fe<0.01g/L，Cd<0.001g/L，Pb <0.12g/L，符合碱法电积锌对杂质的要求，但该工艺经过 NaOH 浸出渣仍含锌 2.2%，渣含锌高使得浸出渣不能直接返回烧结配料回收其中的铁。Xia 和 Pickles 研究微波辅助 NaOH 浸出工艺回收烟尘中的锌，并与传统

NaOH 浸出进行比较，得出微波辐射 NaOH 浸出条件下锌的浸出率可达 80%。较传统 NaOH 浸出，微波辅助浸出速度明显加快，而且由于微波辐射可以在原子或分子层面加热反应物质，使铁酸锌部分溶解，Zn 的浸出率提高 5%~10%。

Ashtari 等人对比研究了机械球磨处理前后采用 NaOH 浸出含锌 10.46% 的锌浸出渣回收锌工艺，结果发现未进行机械球磨前控制 NaOH 浓度为 9mol/L，浸出温度 105℃，固液比 1:10，搅拌速度 800r/min，浸出 45min 锌浸出率为 83.4%；进行机械球磨处理后控制 NaOH 浓度为 9mol/L，浸出温度 25℃，固液比 1:6，球料比为 50:1，浸出 37min 锌浸出率为 99.9%。

此类碱法工艺处理高炉粉尘可避免大量铁浸出，减少浸出过程浸出剂对设备的腐蚀，适合处理含碱性脉石多的矿物，但是此类工艺需消耗高浓度的氢氧化钠，浸出剂的消耗量较酸法明显增多，浸出温度较高，在强碱条件下锌酸钠电解只能得到海绵锌粉而得不到阴极锌板，同时，铁酸锌和硫化锌等难溶含锌物质在碱性体系下基本不被浸出，严重制约了锌的浸出率，另外也可看出，为了能够提高锌的浸出率需外加一定条件才能实现。

1.3　含锌冶金渣尘资源化利用技术发展方向

在火法处理方面，美国的 Martin、日本的 Koki Nishioka 等利用微波处理高炉粉尘中的锌，在 2.45GHz，1200~1220℃下脱锌效果较好。微波加热与传统加热方式相比，具有加热速度快，物料受热均匀的优点；同时物料含有吸波性较高的含铁氧化物，使得升温速率更快，并能及时补偿反应所消耗的热量，对加速反应速度有显著效果。微波处理高炉粉尘具有很好的应用前景，但工业上的应用还未见报道。

近几年氯铵法、硫铵法、碳铵法被广泛用于研究单一含锌矿相矿物（如氧化锌、菱锌矿、水锌矿）的提取，为氧化锌资源的高效利用提供了技术途径。

陆凤英等采用 $NH_3-NH_4HCO_3$ 法处理某钢铁厂含锌 8.75% 的高炉粉尘，制备活性氧化锌。通过正交试验得出，在 NH_3、NH_4HCO_3 用量为理论值的 1.5 倍，反应时间 3h，常温条件下，Zn 浸出率为 90.97%，而 Fe 浸出率为 14.38%，再经过过滤、除杂、蒸氨、干燥灼烧步骤得到含氧化锌 98.15% 的合格品。浸出渣含 Zn 0.8% 左右，含 Fe 22.34%，返回烧结配料，该工艺的原材料消耗低，浸出液氨可回收利用，但该工艺得到的氧化锌纯度不高，铁的浸出率相对其他碱法处理较高。意大利 Engitec Impianti S. P. A. 公司开发的 EZINEX 工艺的工艺步骤为浸出、净化、电解以及结晶。其中浸出步骤采用氯化铵与碱金属氯化物组成的混合物作为浸出剂，浸出过程中，粉尘中 Zn、Pb 和 Cr 等氧化物进入溶液，净化步骤采用锌粉置换除杂，获得合格的电解溶液。浸出渣和置换渣可进一步处理，回收其他金属杂质，作为副产品出售或者送其他工序。该处理技术整个过程产生的副产品可以完全回收利用，资源利用达到最大化。

氨法处理高炉瓦斯泥回收锌工艺基于氧化锌能与一些浸出剂形成可溶性的配合物进入浸出液中，而铁、铝、硅、碳等不能形成相应的配合物留在渣中，使锌与其他物质分离。

主要化学反应：

$$ZnO + iNH_3 + H_2O === [Zn(NH_3)_i]^{2+} + 2OH^- \qquad (1-3)$$

$$ZnCO_3 + iNH_3 === [Zn(NH_3)_i]^{2+} + CO_3^{2-} \qquad (1-4)$$

$$ZnSO_4 + iNH_3 === [Zn(NH_3)_i]^{2+} + SO_4^{2-} \qquad (1-5)$$

氨法浸出处理含锌烟尘可避免铁、铝、硅、碱性脉石等杂质进入浸出液中，大大简化后序除杂的工序。传统酸法电积电流效率低，氨法电积工艺的电流效率明显高于酸法电积，可节省电耗，主要因为氨法电积基本不存在析氢副反应，同时氨法电积工艺避免了酸法电积过程电锌板因硫酸浓度增加造成的返溶现象，相对于强碱电解氨法电解能得到阴极锌板；同时，氨法电解可避免硫酸电解液中氟氯含量高对电解造成的诸多影响，且在氨法电解过程无需添加氟氯脱除工序，大大简化了作业流程。

也有文献报道，Julian M. Steer 研究了丙二酸（HOOC—CH_2—COOH）、丙烯酸（CH_2＝CH—COOH）、柠檬酸（三羧基有机酸）、乙酸（H_3C—COOH）、草酸（HOOC—COOH）、苯甲酸（C_6H_5—COOH）对高炉瓦斯泥中锌和铁浸出率的影响，该原料锌主要以 ZnO 的形式存在，铁主要以 FeO、Fe_2O_3、Fe_3O_4 的形式存在，结果发现 Zn 的提取符合路易斯酸碱理论（Lewis acid/base theory）——酸碱电子理论，羧酸基团接收电子对：

$$2RCOOH + ZnO ===(RCOO)_2Zn + H_2O \qquad (1-6)$$

Fe 的提取符合布朗斯特-劳里酸碱理论（Bronsted-Lowry theory）——酸碱质子理论，羧酸基团给质子：

$$6RCOOH + Fe_2O_3 === 2(RCOO)_3Fe + 3H_2O \qquad (1-7)$$

研究结果表明，有机羧酸对锌的浸出是显著的，可高达93.9%（丙二酸），而铁的浸出率为16.9%（丙二酸）；同时还发现，pH 值对铁的浸出率有重要的影响，pH 值小于1.5时，铁的浸出率较高，如 pH=1.0 时，采用 1mol/L 的柠檬酸浸出高炉粉尘，锌浸出率为82.6%，铁浸出率为32.2%。因此，控制合适的 pH 值，采用有机羧酸也能有效进行锌铁分离，达到高效提锌的目的。

综合以上分析，结合含锌冶金固废资源特点进行含锌冶金固废资源有价金属锌回收利用，采用传统酸法回收工艺首先需进行有害杂质元素组元的脱除，采用氨法回收锌工艺需寻找合适的氨法复合配位浸出体系以达到高效、清洁回收锌的目的，因此本书后续章节针对含锌冶金固废资源有价金属锌回收利用方面的关键性问题开展相关的研究工作。

2　微波干燥湿法锌冶炼渣

2.1　微波加热基本原理

微波是一种频率在 300MHz~300GHz，波长在 0.1~100cm 范围的电磁波，其介于电磁波谱的红外和无线电波之间，最常用的加热频率是 915MHz 和 2450MHz，对应波长分别是 32.79cm 和 12.26cm。

微波加热材料的本质是电子极化、原子极化、界面极化及偶极转向极化，其中偶极转向极化对物质的加热起主要作用，即在微波场的交互电场下材料内具有方向的偶极子发生弛豫旋转，同时部分的电磁能转化为材料的热能，电磁场中偶极子的旋转如图 2-1 所示，极性分子具有介电质特性，在微波场作用下偶极子产生转动介质被加热；另外，对于非极性分子，在电场作用下非极性分子可进行短暂的极性运动，将产生的摩擦热转化为介质材料的内能。

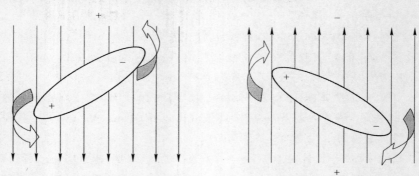

图 2-1　磁场中分子极化示意图

磁场中吸收的微波能与其物质的电磁特性（如介质常数、介质损耗数、电导率、磁导率等）有很大的关系，根据材料和微波相互作用情况可以将材料分为微波透过体、微波反射体、微波吸收体三大类。大多数硫化物（如硫铁化合物、硫化铜等）和一些氧化物（如氧化镍、氧化锰）能够大量吸收微波能，这些物质在微波辐射下 1~2min 后温度可升至几百甚至上千度，而有些物质（如氧化钙、氧化硅）却不能达到很高的温度，从微波加热特性可以看出，微波具有选择加热特性，高的升温速率。

矿物材料可被微波加热需具备一定的特性：微波场作用下矿物材料表面不反射微波，且能不可逆地将入射的微波能转化为材料自身的热能。单位体积材料吸收的微波能可表示为：

$$P = \sigma |E|^2 = 2\pi\varepsilon_0\varepsilon_e''|E|^2 = 2\pi f\varepsilon_0\varepsilon_r'\tan\delta |E|^2 \tag{2-1}$$

式中，P 为微波能；σ 为整个材料体系的有效电导率；E 为电场强度；ε_e'' 为有效损耗因子；ε_0 为真空介电常数；ε_r' 为相对介电常数；f 为微波频率；$\tan\delta$ 为介质损耗角正切，反映介质吸收微波能转化为内能的效率。

可见，ε_r'、ε_e'' 和 $\tan\delta$ 在很大程度上反映了材料对微波的吸收能力。然而，对高磁敏感性材料，需考虑磁场对材料吸收微波能的影响，式（2-1）通过校正得：

$$P = 2\pi f\varepsilon_0\varepsilon_r'\tan\delta |E|^2 + 2\pi\mu_0\mu_e''H^2 \tag{2-2}$$

式中，μ_0 为自由空间中的磁损耗因子；μ_e'' 为有效磁损耗因子，H 为磁场强度。

当微波场的场强在物体内降低到原场强的 $1/e$ 时离物体表面的距离可定义为微波穿透深度，表达式为：

$$D_p = \cfrac{\lambda_0}{2\sqrt{2}\,\pi\sqrt{\varepsilon'\left[\sqrt{1+\left(\cfrac{\varepsilon''}{\varepsilon'}\right)^2}-1\right]}} \tag{2-3}$$

式中，D_p 为入射微波能减少一半时的材料深度或 E 衰变为 E^{-1} 处的距离，D_p 的大小与材料均匀性加热相关。

对于入射的高频波或者高介电损耗物料，微波能只聚集在物料表面，物料不能整体加热；而低频率微波或者介电特性较低的物料，微波具有较大的穿透深度，颗粒度较小的物质能够被整体加热，所以，基于介电特性的穿透深度能够指导我们获得良好的微波作用粒度或料层厚度。

总的来说，微波加热不需要由表及里的热传导，而是通过微波在物料内部的热量耗散来直接加热物料，根据物料电磁特性的不同，可及时有效地在整个物料内部产生热量，加热过程中能克服常温加热"冷中心"的缺陷，做到表里均匀加热。微波通过在物料内部的介电损耗直接将化学反应所需的能量传递给反应的分子和原子，这种原位能量转换方式可促进化学反应和扩散过程快速进行。此外，微波还具有易于对物料加热温度进行自动控制、清洁无污染、对环境友好等特点。

微波干燥矿物的主要对象是水，而水与矿物质的介电常数及介电损耗存在明显的差异，众所周知水具有高损耗，极易吸收微波能的特点，而矿物质的损耗相对水较小，以下就湿法炼锌过程产出的含水酸性浸出渣和中和沉铁渣进行微波干燥实验研究。

2.2　微波低温清洁干燥湿法炼锌酸性浸出渣实验研究

2.2.1　实验原料及方法

2.2.1.1　实验原料

实验原料来源于云南某湿法炼锌企业湿法炼锌工艺的产物"酸性浸出渣"，这些酸性浸出渣含水量大，且颗粒细小并含有一定量的锌、铅、钙、铁、硅、硫等伴生有价元素，酸性浸出渣含水量 18.6%。其主要的化学成分分析结果见表 2-1，并且对酸性浸出渣进行 XRD 分析和 SEM-EDS 分析，分析结果如图 2-2、图 2-3 所示。

表 2-1　酸性浸出渣的多元素化学成分

成　分	Zn	Pb	Ca	Fe	Si	S
含量/%	14.59	5.45	4.65	20.70	7.59	12.13

该酸性浸出渣的化学元素：Fe 占 20.70%，Zn 占 14.59%，S 占 12.13%；其次还伴随有其他元素：Si 占 7.59%，Pb 占 5.45%，Ca 占 4.65%。

酸性浸出渣样品的 XRD 图如图 2-2 所示，锌主要是以水合 $ZnSO_3$ 的形式存在，而 ZnS 的衍射峰较弱，铁主要是以 Fe_3O_4、$Fe_2(SO_4)_3$、$FeSO_4$ 的形式存在，另外，酸性浸出渣中主要以碱性和中性脉石为主，主要为 $CaPO_3OH$、$CaSO_4$、$CaSiO_3$。

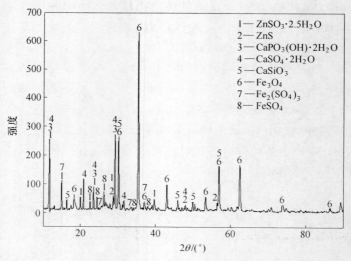

图 2-2　酸性浸出渣样品 XRD 图谱

酸性浸出渣的 SEM-EDS 图谱如图 2-3 所示，根据图中信息可以看出酸性浸出渣主要是以 5 种颗粒的形式存在，如图中 A、B、C、D、E 五种类型所示。

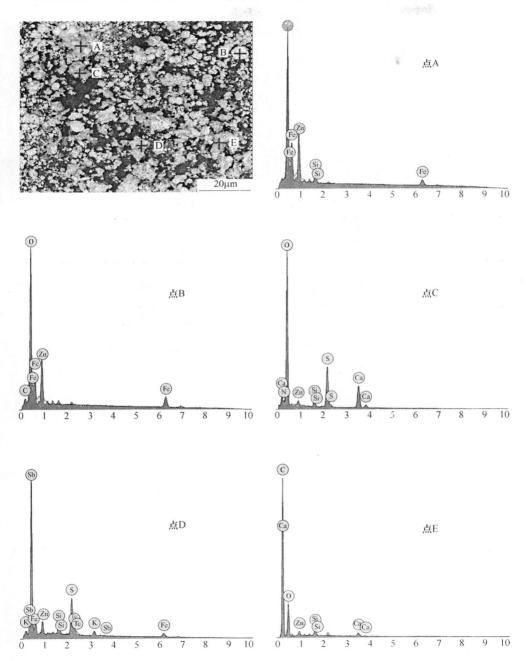

图 2-3 酸性浸出渣样品 SEM 图谱

2.2.1.2　实验设备及方法

常规干燥实验采用马弗炉对物料进行干燥，微波干燥实验采用微波高温箱式炉（微波功率0~6kW连续可调）对物料进行干燥，如图2-4所示。

实验过程，称取一定质量的待干燥样品放入刚玉坩埚中，分别置于马弗炉和微波高温箱式炉中进行干燥，干燥一定时间后取出自然冷却，称重并记录干燥前后的质量变化，并计算达到中和铁渣的脱水率。

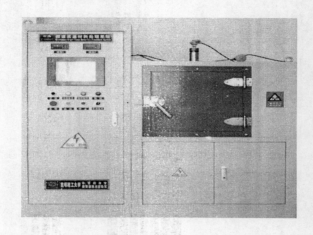

图2-4　微波干燥设备

2.2.2　常规干燥酸浸渣实验研究

2.2.2.1　不同温度条件下干燥时间对酸浸渣脱水率的影响

图2-5所示为不同温度条件下酸浸渣相对脱水率随时间的变化。从图2-5可以看出不同温度下的相对脱水率的变化趋势基本一致，即随着温度的升高，相对脱水率变化越来越快，其中60℃条件下干燥2.5h左右浸出渣脱水率接近60%，90℃与100℃变化相差不大，但90℃更加稳定，脱水效果更佳均匀。

又由图2-6可以看出最佳时间点80min时，90℃与100℃脱水率几乎相等，因此从经济效益考虑或是从脱水率效果考虑采取90℃温度为最佳工艺试验温度。

2.2.2.2　不同物料量条件下干燥时间对酸浸渣脱水率的影响

物料量是考察相对脱水率的另一个重要因素，干燥是物料表面游离水分蒸发的过程，干燥过程中传热传质都需要考虑到物料量，因此需要找出最佳的物料量，才可以保证在最短的时间内完成干燥。

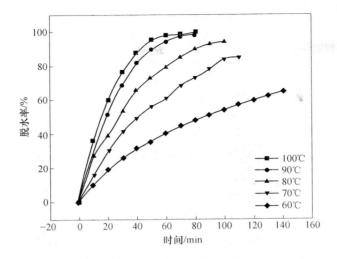

图 2-5 不同温度条件下干燥时间对酸浸渣脱水率的影响

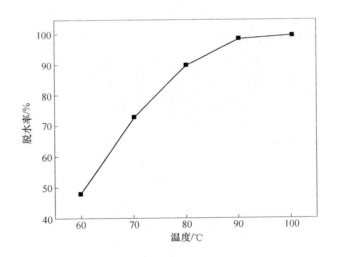

图 2-6 不同温度对酸浸渣脱水率的影响 （80min）

图 2-7 所示为不同物料量酸浸渣相对脱水率随时间的变化规律，由图可以看出不同物料量下的相对脱水率变化趋势基本一致，物料量越小，相对脱水率的速率越大，在 50g 物料量、80min 条件下脱水率就达到了 98.32%，而在 90g 物料、80min 条件下酸浸渣的相对脱水率只有 71.38%，这主要是由于物料量增加，含水量增多，温度传入物料内部速度减缓，且物料水蒸气从物料内部扩散出来的路程延长，传质过程受到物料的层层阻隔，所以才导致相对脱水率因物料量的增加而下降。

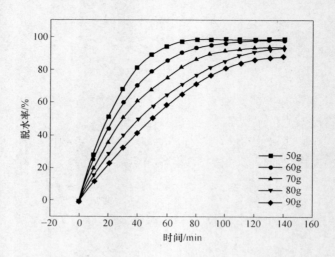

图 2-7　不同物料量条件下干燥时间对酸浸渣脱水率的影响

由图 2-7 可知在不同物料量条件下，随着物料量的增加，含水量增大，干燥时间延长，80min 条件下物料量与相对脱水率的关系曲线如图 2-7 所示。

由图 2-8 可以得出，物料量与相对脱水率的关系成反比，物料量不断增加，相对脱水率呈现下降递减趋势。如果物料量太少会导致能耗增大且单位能耗干燥物料量少，不经济，所以物料量不宜太多亦不宜太少，物料量的多少直接影响干燥物料层的厚度，综合以上分析选取 60g 物料量为最佳工艺干燥物料量。

研究结果显示，采用常规干燥酸性浸出渣的最佳干燥工艺条件为：干燥温度为 90℃，干燥物料量为 60g，干燥时间为 80min。

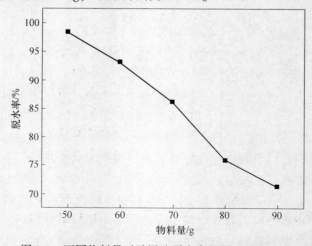

图 2-8　不同物料量对酸浸渣脱水率的影响（80min）

2.2.3　微波干燥酸浸渣实验研究

2.2.3.1　酸性浸出渣的温升行为研究

A　不同微波功率对温升行为的影响

用坩埚称取 50g 的酸性浸出渣物料，分别在 500W、750W、1000W 三个微波功率条件下进行温升行为研究，得出不同微波功率条件下温升行为曲线，即不同微波功率下温度随着时间的变化规律，如图 2-9 所示。

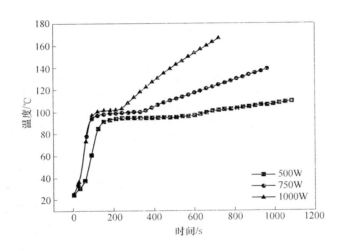

图 2-9　不同微波功率下酸性浸出渣的升温速率曲线

由图 2-9 可以看出，在恒定物料量 50g 的条件下，对同一种物料进行持续的温升行为研究，温升过程可以分为三个阶段，即快速温升阶段、恒温阶段和持续温升阶段。温升速率与自身热容和介电参数有关。因为水的介电参数很大，湿润物料的水可以很好地吸收微波能进行直接干燥。所以，物料的温升速率大小可以反映物料吸波性的强弱。可以发现温升速率与微波功率成正比关系。即功率越大温升速率越快。综合比较 3 个微波功率发现，达到 100℃ 左右的干燥温度的时间相差不大，考虑到能耗的消耗实验控制微波输出功率以 750W 为宜。

B　不同物料量对温升行为的影响

控制微波输出功率为 750W，分别称取 40g、50g、60g 的物料，进行温升行为研究，得出不同物料量下温升行为曲线，即不同物料量条件下温度随着时间的变化规律，其结果如图 2-10 所示。

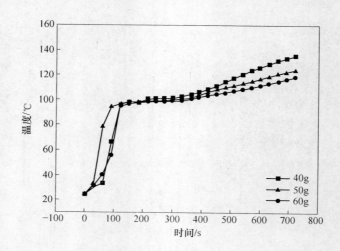

图 2-10　不同酸性浸出渣物料量在微波场中的升温速率曲线

由图 2-10 可知，在恒定功率 750W 的条件下，不同物料量随时间的温升行为基本一致，整体上看，在快速升温阶段，40g 物料及 60g 物料的升温效果相对低于 50g，可能是物料过少或相对增加均可能对物料吸收微波的能力造成影响，因此，为了最大限度地利用微波能控制微波干燥的物料量以 50g 为宜。

2.2.3.2　酸性浸出渣单因素实验研究

A　微波功率对脱水率的影响

用坩埚称取物料量为 50g 的含水酸性浸出渣，分别在 500W、750W、1000W、1250W 四个微波功率条件下，控制微波干燥温度为 100℃，进行微波干燥实验研究，得出了不同微波功率下相对脱水率与时间的关系，如图 2-11 所示。

由图 2-11 可以看出各组微波功率随时间变化对脱水率影响的情况。500W 的功率脱水效果不太明显，水分脱除较为缓慢；750W 的功率比较合理；与高功率的 1000W 相比，1250W 的初始脱水率相对较低，但后期脱水效率明显提升。总体看来，干燥 15min 左右，750W、1000W、1250W 三个功率的脱水效果基本保持一致，综合考虑经济成本控制微波输出功率以 750W 为宜。

B　物料量对脱水率的影响

控制微波输出功率为 750W，微波干燥温度为 100℃，研究不同物料量（30g、40g、50g、60g、70g）相对脱水率与时间的关系，如图 2-12 所示。

由图 2-12 可以看出 30g 物料量的脱水效率最明显，且随着物料量的增加脱水效果有相对降低的趋势，但是从 30g 增加到 50g 变化不明显，60g 及 70g 物料量的干燥效果降低较为显著，考虑效益和成本因素，最佳的干燥物料量以 50g 为宜。

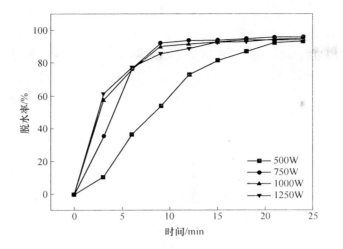

图 2-11　微波功率对脱水率的影响

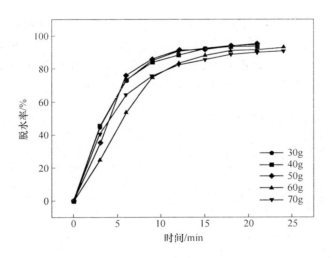

图 2-12　物料量对脱水率的影响

2.2.4　微波低温清洁干燥酸性浸出渣的响应曲面优化实验

2.2.4.1　响应曲面优化实验设计

在上述单因素实验研究的基础上，控制干燥温度在（100±5）℃范围内，选取相对利用微波干燥酸性浸出渣脱水率影响较大的微波功率（X_1/W）、物料量（X_2/g）、干燥时间（X_3/min）作为实验的 3 个因素，利用响应曲面法系统进行试验分析。

利用中心组合优化设计，确定主要影响脱水率的主要因素的最佳条件，其因素水平编码见表2-2。在本实验的响应曲面设计中，由于微波功率（500～1000W）、物料量（40～60g）、干燥时间（6～18min）的变化范围各不相同，为了解决量纲差异给设计带来的麻烦，现将所有变量做线性变更，使得矩形的因子区域都转化为中心在原点，取值范围为［-1，1］的"立方体"，如图2-13所示。

表2-2　响应曲面法因素水平编码

因　素	水　平		
	-1	0	1
微波功率 X_1/W	500	750	1000
物料量 X_2/g	40	50	60
干燥时间 X_3/min	6	12	18

CCD 设计的系统优化实验方案共包括20组实验，其中中心点共有6组重复测试。所检查的响应值是酸浸渣脱水率（Y）。实验设计方案和试验结果见表2-3。在组合优化设计（CCD）方案中，每个因子有 2^3 个全因子，其中8个被选为因子点，6个轴向点和6个中心重复点。共设计了20组实验完成优化。寻找因变量的最优值和自变量的最优值，实验总需要次数的计算见式（2-4）：

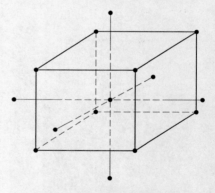

图 2-13　因子区域转换图

$$N = 2^n + 2n + n_c = 2^3 + 2 \times 3 + 6 = 20 \qquad (2-4)$$

式中，N 代表所需总的实验次数；n 为影响因素的个数；n_c 为重复试验中心点数目。

为了减小干燥过程中的系统误差，试验顺序按照 Design Expert 软件随机生成的顺序进行，并计算酸性浸出渣脱水率，试验设计方案与实验结果见表2-3。

表2-3　微波低温清洁干燥酸性浸出渣中心组合设计方案与实验结果

序　号	影　响　因　素			脱水率/%
	微波功率 X_1/W	物料量 X_2/g	干燥时间 X_3/min	
1	500.00	40.00	6.00	30.6344

序　号	影　响　因　素			脱水率/%
	微波功率 X_1/W	物料量 X_2/g	干燥时间 X_3/min	
2	1000.00	40.00	6.00	61.2366
3	500.00	60.00	6.00	40.1147
4	1000.00	60.00	6.00	78.8530
5	500	40.00	18.00	85.3333
6	1000.00	40.00	18.00	98.5060
7	500.00	60.00	18.00	70.3978
8	1000.00	60.00	18.00	88.1900
9	329.55	50.00	12.00	44.0108
10	1170.45	50.00	12.00	97.1720
11	750.00	33.18	12.00	82.6382
12	750.00	66.82	12.00	70.0003
13	750.00	50.00	1.91	34.6774
14	750.18	50.00	22.09	98.0968
15	750.00	50.00	12.00	97.8578
16	750.00	50.00	12.00	97.8578
17	750.00	50.00	12.00	97.8578
18	750.00	50.00	12.00	97.8578
19	750.00	50.00	12.00	97.8578
20	750.00	50.00	12.00	97.8578

2.2.4.2　模型精确性分析

在响应面优化设计中，模型精度的验证是数据分析不可或缺的部分。该测试模型的准确性分析采用美国 STAT-EASE 公司开发的设计专家试验设计软件。自变量为微波功率（X_1/W）、物料量（X_2/g）和干燥时间（X_3/min），脱水率（Y）为因变量。利用最小二乘法，整理得到自变量与因变量之间的二次多项回归方程，见式（2-5）。

$$Y = -366.08238 + 0.29502X_1 + 8.37035X_2 + 18.22138X_3 +$$
$$6.37780E^{-4}X_1X_2 - 3.19797E^{-3}X_1X_3 - 0.10906X_2X_3 -$$
$$1.55315E^{-4}X_1^2 - 0.076821X_2^2 - 0.31093X_3^2 \tag{2-5}$$

模型的准确性可以通过方差分析进一步检验，可以得到多项式方程中所有系数的重要性，并且可以区分模型的有效性。表 2-4 和表 2-5 列出了本实验得到的模型拟合和回归方程方差分析。实验使用的中心组合设计拟合模型是二次模型。

表 2-4　响应设计的模型拟合性分析

时序模型的平方和

来　源	平方和	自由度	均方差	F 值	$P_{rob} > F$ 值	评估
平均与总和	$1.228×10^5$	1	$1.228×10^5$			
线性与平均	6819.19	3	2273.06	9.02	0.0010	
2FI 与线性	546.97	3	182.32	0.68	0.5795	
二次方与 2FI 模型	3373.77	3	1124.59	103.06	<0.0001	建议的
三次方与二次方	108.79	4	27.20	505.78	<0.0001	走样的
残差	0.32	6	0.054			
总和	$1.336×10^5$	20	6681.24			

失　拟　检　验

来源	平方和	自由度	均方差	F 值	p 值
线性型	4029.86	11	366.35		
2FI 模型	3482.89	8	435.36		
二次方型	109.12	5	21.82		
三次方型	0.32	1	0.32		
纯误差	0.000	5	0.000		

模型概率统计

来　源	标　准		校正 R^2	预测 R^2	预测残差平方和	评估
	偏差	R^2				
线性型	15.87	0.6286	0.5589	0.4677	5774.48	
2FI 模型	16.37	0.6790	0.5308	0.1600	9113.40	
二次方型	3.30	0.9899	0.9809	0.9234	831.35	建议的
三次方型	0.23	1.0000	0.9999	0.9934	71.12	走样的

表 2-5　响应面二次模型的方差分析

方差来源	平方和	自由度	均方	F 值	$P_{rob} > F$ 值
模型	10739.93	9	1193.33	109.36	< 0.0001
X_1	2635.34	1	2635.34	241.52	< 0.0001
X_2	27.58	1	27.58	2.53	0.1429
X_3	4156.26	1	4156.26	380.90	<0.0001

方差来源	平方和	自由度	均方	F 值	$P_{rob} > F$ 值
$X_1 X_2$	20.34	1	20.34	1.86	0.2021
$X_1 X_3$	184.09	1	184.09	16.87	0.0021
$X_2 X_3$	342.54	1	342.54	31.39	0.0002
X_1^2	1357.97	1	1357.97	124.45	<0.0001
X_2^2	850.48	1	850.48	77.94	< 0.0001
X_3^2	1805.70	1	1805.70	165.49	<0.0001
残差	109.12	10	10.91		
失拟项	109.12	5	21.82		
纯差	0.000	5	0.000		
总误差	10849.04	19			

　　数学模型的适用性和准确性可以通过模型的决策相关系数（R^2）来表征。值越接近1，回归模型和实际过程的适用性越高，模型精度越高。从表2-5可以看出，方程（2-2）的相关系数（R^2）为0.9899，说明该模型具有较高的拟合度，实验数据的98.99%可以用该模型解释。通常认为预测R^2和校正R^2之间的差在0.2之间。模型的预测R^2和校正后的R^2分别为$R^2_{预测} = 0.9234$和$R^2_{校正} = 0.9809$，模型的预测R^2与校正后的R^2合理一致。精密度用于表征信噪比。精密度值大于4是理想的，精密度 = 31.070表示显著的信噪比强度，这也表明该模型适用于表征设计空间。

　　由表2-5可知，模型的F值为74.73，只有0.01%的概率会使信噪比发生错误，模型的$P_{rob} > F$值为0.0001，表明建立的回归模型精度很高，模拟效果显著。如果变量的$P_{rob} > F$值小于0.05，表明此变量对响应值有明显的影响，由此可知影响因素中，因素X_1、X_2、X_3、$X_2 X_3$及X_1^2、X_2^2、X_3^2对脱水率均有比较明显的影响，而交互作用因素$X_1 X_2$、$X_1 X_3$的影响相对不太明显。方差分析表明模型和试验数据拟合程度较好，能准确预测酸浸渣的脱水率。从MYERS的理论来看，如果模型拟合效果显著，相关系数应该达到0.8或更高，$R^2 = 0.9899$，$R^2_{校正} = 0.9809$和$R^2_{预测} = 0.9234$在这个实验中都显著大于0.8，这证明实验模型拟合效果显著。

　　分析结果表明在试验研究范围内上述模型可以对脱水率进行较精确的预测。

　　脱水率预测值与酸浸渣实验值的关系如图2-14所示。从图中可以看出，预测值与实验值非常接近，说明二阶多项式模型适用于描述实验因素与酸浸渣脱水率的相关性。这表明在实验中选择的模型可以反映参数之间的真实关系，即模型是有效的。

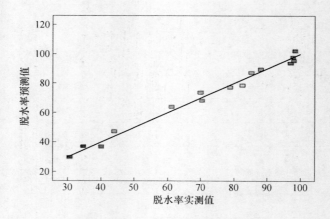

图 2-14　脱水率试验值与预测值对比

图 2-15 所示为酸浸渣的脱水率的残差正态概率图。纵坐标上的正常概率的划分表示残差的正态分布。从图中可以看出，残差沿直线分布，表明实验残差分布在正常范围内，横坐标残差代表模型的实际响应值和预测值之间的差值，残差分布在中间，实际分布点如"S 曲线"表示模型是准确的。

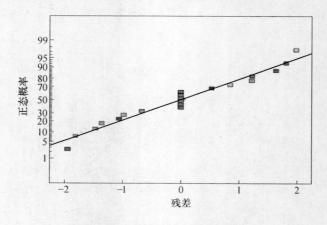

图 2-15　脱水率残差正态概率

2.2.4.3　响应面分析

在回归分析和方差分析的基础上，通过回归系数的统计计算，建立了回归模型的三维响应面，并考察了各因素对微波浸出酸性浸出渣脱水率的影响。根据优化的二次模型，得到了微波功率、干燥时间、物料量相互作用对脱水率影响的响应面，如图 2-16 所示。

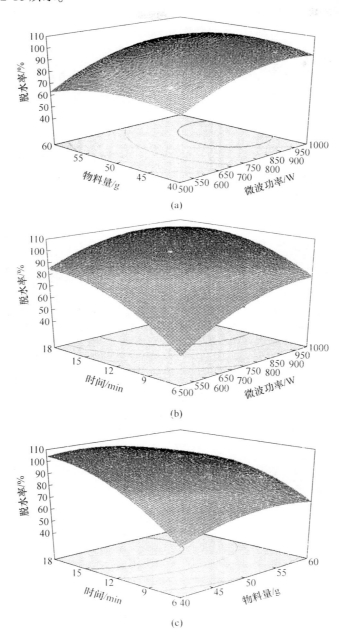

图 2-16 微波功率，干燥时间，物料量及其交互作用对脱水率影响

(a) 微波功率、物料量及其交互作用对脱水率的影响；(b) 微波功率、干燥时间及其交互作用对脱水率的影响；(c) 干燥时间、物料量及其交互作用对脱水率的影响

微波功率和物料量作为自变量函数，图 2-16（a）所示为因变量脱水率与影响因素之间的响应曲面。从图中可以看出，随着微波功率的增加，脱水率也增加；同样，随着保温时间的增加，脱水率也增加。根据水分子的挥发反应方程，水分子的挥发反应是一个吸热反应，温度的升高会促进水分子的挥发。图 2-16（b）所示为微波功率和干燥时间及其相互作用对脱水率影响的响应曲面。可以看出影响因子微波功率和干燥时间对脱水率产生较为显著的影响。从图 2-16（c）可以看出，干燥时间相对物料量对浸出渣脱水率的影响显著。

2.2.4.4　条件优化及验证

通过响应曲面软件的预测功能，在试验研究参数范围内，对焙烧温度、保温时间和搅拌速度进行了优化设计，并根据优化试验的结果进行验证试验，得到试验值和预测值的对比，微波直接焙烧酸性浸出渣脱水的优化条件及其模型验证结果见表 2-6。

表 2-6　回归模型优化工艺参数

微波功率/W	物料量/g	温度/℃	时间/min	脱水率/%	
				预测值	试验值
750	50	100	12	98.81	97.87

为了检测响应曲面法优化的可靠性，采纳优化后的工艺参数进行试验，在此条件下进行三次平行试验得到脱水率结果为 98.34%，与预测值的偏差较小，由此说明采用响应曲面法优化微波低温干燥酸性浸出渣脱水率的工艺参数是可靠的。

2.3　微波低温清洁干燥湿法炼锌中和铁渣实验研究

2.3.1　实验原料

实验所用的中和铁渣来自于国内某湿法炼锌企业，其主要的化学成分分析结果见表 2-7，由表中数据可知，Fe 是除硫以外含量最多的金属杂质，高达 20.7%。同时进行 XRD、SEM 分析，结果如图 2-17、图 2-18 所示。

表 2-7　中和铁渣的多元素化学成分

成　分	Zn	Ca	Mg	Fe	Mn	S
含量/%	10.63	19.11	1.96	20.70	0.71	24.78

图 2-17 所示为中和铁渣样品的 XRD 图，图中显示锌主要以氧化锌的形式存在，而铁酸锌的衍射峰较弱，铁主要以氧化物（FeO、Fe_2O_3、Fe_3O_4）的形式存在，另外，中和铁渣中碱性脉石含量较高，主要为 SiO_2、$MgSO_4$、$CaMgSiO_4$。

图 2-18 所示为中和铁渣的 SEM-EDS 图谱，由图 2-18 可以看出，中和铁渣

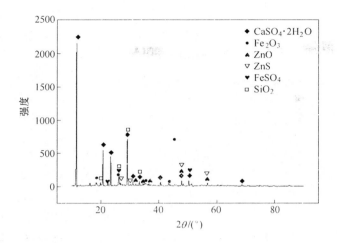

图 2-17 中和铁渣样品 XRD 图谱

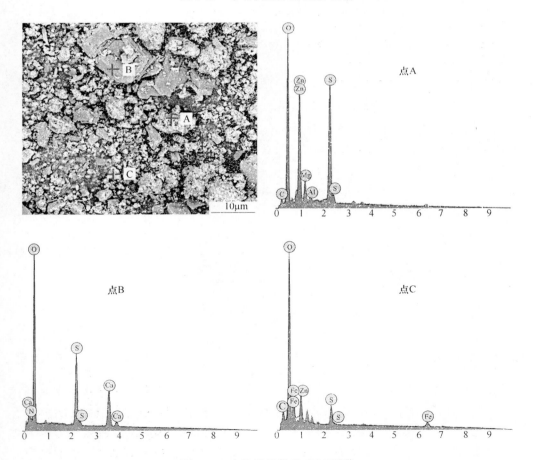

图 2-18 中和铁渣样品 SEM 图谱

主要以三类颗粒形式存在：絮状团聚物（点 A）、灰色块状物（点 B）、类似金属型亮白物（点 C）；其中絮状团聚物中主要为含锌矿物，灰色块状物主要是钙的化合物，类似金属型亮白物主要是含 Zn、Fe 化合物。

2.3.2　常规干燥中和铁渣实验研究

2.3.2.1　干燥温度对相对脱水率的影响

实验控制中和铁渣物料量为 50g，研究不同干燥温度条件下常规干燥时间对中和铁渣脱水率的影响，结果如图 2-19 所示。由图 2-19 可知，不同干燥温度下，中和铁渣的脱水率均随着干燥时间的延长而升高，同时发现，在 4h 的干燥时间范围内，70℃、80℃、90℃、100℃下的脱水效果变化规律基本一致，干燥 2h，中和铁渣的脱水率分别为 60%、65%、73%、78%，干燥 4h 后，中和铁渣的脱水率分别为 92%、95%、96%、98%；而 110℃条件下干燥 2h 中和铁渣脱水率可达 94%，干燥 3h 能达到 97%，随着温度的升高干燥效率明显升高，但是从物料干燥的整体过程看，干燥温度达到 110℃，可能导致部分极易挥发的物质燃烧挥发等造成干燥脱水效率的不稳定，实验控制常规干燥温度为 100℃为宜。

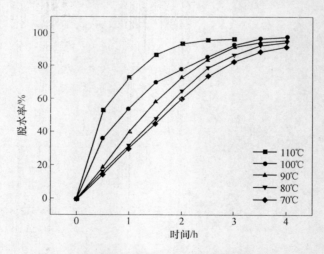

图 2-19　不同干燥温度下脱水率随时间的关系

2.3.2.2　物料量对相对脱水率的影响

控制中和铁渣常规干燥温度为 100℃，研究不同物料量条件下常规干燥时间对中和铁渣脱水率的影响，结果如图 2-20 所示。由图可知，不同物料量条件下，中和铁渣的脱水率均随着干燥时间的延长而升高，且物料量越小脱水效果越显著，随着物料量的增加，物料的厚度增加，从而导致脱水率随物料的增加而降低。干燥 2.5h，30g 物料样品脱水率基本达到平衡，脱水率达 96%；干燥 3.5h 后，50g、60g、70g 样品脱水效率较前一干燥阶段显著降低，脱水率分别为 97%、93%、89%，综合考虑物料的干燥效果及能耗的经济性，常规干燥中和铁渣的物料量控制在 50g 为宜。

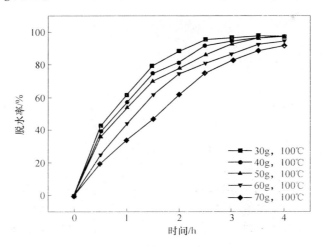

图 2-20　不同干燥质量下脱水率随时间的关系

2.3.3　微波干燥中和铁渣实验研究

2.3.3.1　中和铁渣温升特性研究

A　微波功率对温升行为影响

控制微波干燥温度为 100℃，研究 50g 中和铁渣在不同微波功率条件下干燥时间对脱水率的影响，结果如图 2-21 所示。

中和铁渣的温升行为可以分成三个阶段，在前 2min，温度在短时间内急剧升高，属于物料快速升温阶段；而第二阶段温度是在经过 3min 左右之后将会平稳一段时间，属于微波干燥脱水阶段；第三阶段则是在 10min 左右，温度以较大幅度往上升，属物料自由水基本脱除，物料高温加热阶段。

总体而言，微波功率的增加一定程度上会强化物料的加热效率，微波功率越大，物料升温速率越快。在一定条件下，提高干燥物料的微波输出功率相当于对物料增加电场强度，电场强度越大，微波能较好、更均匀渗透到中和铁渣矿样的内部，进一步促进微波功率的吸收，从而使中和铁渣样品温度快速升高，因此适当增大微波功率可在一定程度缩短加热时间，提高中和铁渣的升温速率。

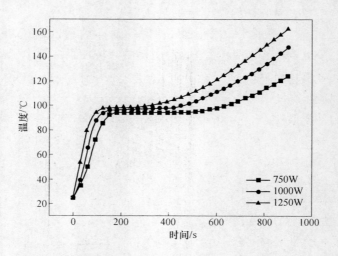

图 2-21　不同微波功率下中和铁渣的升温速率曲线

B　物料量对温升行为影响

结合图 2-21，控制微波输出功率 1000W，研究中和铁渣不同物料量对其升温行为的影响，研究结果如图 2-22 所示。由图可知，物料量越小温度升高越快，0~3min 范围内，物料快速升温，物料量为 60g 的样品升温速率相对较低，而 40g 和 50g 样品升温速率相差不大。从整体上看，随着物料量的增加，达到相同温度所需时间越长，由于物料量越大在同一干燥容器内干燥物料越厚，微波穿透中和铁渣样品的阻力越大，因微波在穿透物料的过程中反射损耗增大，故导致物料对微波能的利用率越低，因此选择合适的物料量进行干燥能起到节能降耗的效果。

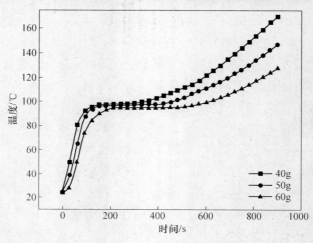

图 2-22　不同中和铁渣物料量在微波场中的升温速率曲线

2.3.3.2 微波干燥中和铁渣单因素实验研究

A 微波功率对中和铁渣脱水率的影响

控制中和铁渣物料量为 50g，微波干燥温度为 100℃，研究不同微波功率条件下中和铁渣脱水率随时间的变化规律，结果如图 2-23 所示。从图中可以看出，不同微波输出功率条件下，中和铁渣脱水率随干燥时间的延长而逐渐升高，中和铁渣的脱水过程主要分为两个阶段：快速脱水阶段和缓慢脱水阶段。物料量一定，微波功率为 750W 的脱水效率相对缓慢，快速脱水阶段所用时间较长，干燥 18min 脱水率达 95.07%，18~27min 为缓慢脱水阶段，干燥 27min 达 99.87%；采用较高的微波功率进行中和铁渣干燥，干燥效果相差不大，快速干燥时间仅需 9min 左右，1000W 脱水率可达 98.55%，经过缓慢脱水阶段（9~15min）后脱水率可达 99.19%。综合考虑脱水效果及经济性控制微波输出功率以 1000W 为宜。

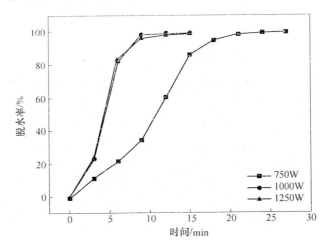

图 2-23 不同微波功率条件下中和铁渣脱水率随时间的变化曲线

B 物料量对中和铁渣脱水率的影响

控制微波输出功率为 1000W，微波干燥温度为 100℃，研究不同物料量条件下中和铁渣脱水率随时间的变化规律，结果如图 2-24 所示，研究结果表明，不同物料量条件下的中和铁渣脱水率均随干燥时间的增加而提高，物料量为 60g 的样品脱水率达到平衡所用时间较长，且干燥效率相对较低，经过 18min 的干燥脱水率达 98.55%；而采用 40g 和 50g 干燥效果相差不是很大，50g 样品干燥 9min 脱水率达 98.55%，后续随时间的延长脱水率基本达到平衡。干燥样品物料量的增加实质增加了物料的厚度及物料致密度，物料致密度增加导致微波穿透物料阻力增加，微波在穿透中和铁渣样品过程中反射损耗增加，导致物料吸收微波的利用率降低，因此脱水率在一定程度上随物料量增加而降低。综合考虑物料干燥效果及微波能的高效利用控制干燥物料量以 50g 为宜。

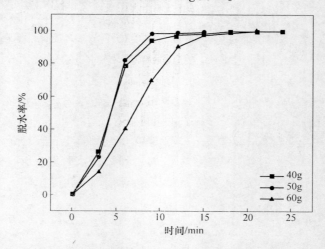

图 2-24　不同物料量条件下中和铁渣脱水率随时间的变化曲线

2.3.4　微波低温清洁干燥中和铁渣响应曲面优化实验

2.3.4.1　响应曲面优化实验设计

基于之前的单因素实验研究，将微波干燥的温度控制在（100±5）℃，选择对微波干燥中和铁渣脱水率影响较大的微波功率（X_1/W）、物料量（X_2/g）、干燥时间（X_3/min）当作研究对象，利用此法对本实验进行优化设计。

确定影响脱水率的最佳因素采用中心组合优化设计（CCD），表 2-8 是因素的水平编码表。

表 2-8　响应曲面法因素水平编码

因　素	水　平		
	-1	0	1
微波功率 X_1/W	750	1000	1250
物料量 X_2/g	30	50	70
干燥时间 X_3/min	6	12	18

利用 CCD 共做了 20 组实验，其中中心点一样的实验有 6 组，响应值为中和铁渣脱水率（Y），设计方案和实验结果见表 2-9。实验过程可能会有较大的误

差，因此利用 Design Expert 软件任意生成实验的次序，并算出中和铁渣的脱水率，实验设计方案与实验结果见表 2-9。

表 2-9 微波干燥中和铁渣设计方案与实验结果

序号	影 响 因 素			脱水率/%
	微波功率 X_1/W	物料量 X_2/g	时间 X_3/min	
1	750	30	6	64.36
2	1250	30	6	85.72
3	750	70	6	13.08
4	1250	70	6	30.91
5	750	30	18	85.80
6	1250	30	18	93.74
7	750	70	18	75.67
8	1250	70	18	86.78
9	579.55	50	12	68.99
10	1420.45	50	12	92.90
11	1000	16.36	12	95.17
12	1000	83.64	12	28.52
13	1000	50	1.91	16.81
14	1000	50	22.09	99.76
15	1000	50	12	99.11
16	1000	50	12	99.11
17	1000	50	12	99.11
18	1000	50	12	99.11
19	1000	50	12	99.11
20	1000	50	12	99.11

注：考虑到实验的可操作性，在本次实验过程中，实验 9 和实验 10 的实际功率分别设定为 579W 和 1420W，实验 11 和实验 12 的物料量实际是 16g 和 84g，实验 13 和实验 14 的干燥时间实际是 2min 和 22min。

2.3.4.2 模型精确性分析

此次采用美国 STAT-EASE 公司开发的 Design Expert 实验设计软件分析模型的精确性。把脱水率（R_1）看作因变量，微波功率（X_1/W）、物料量（X_2/g）和干燥时间（X_3/min）看作自变量，中和铁渣脱水率的二次多项回归方程见式（2-6）

$$R_1 = -125.92965 + 0.24191X_1 + 1.22717X_2 + 9.90181X_3 -$$

$$9.00000 \times 10^{-6}X_1X_2 - 1.67833 \times 10^{-3}X_1X_3 + 0.09208X_2X_3 -$$

$$9.62444 \times 10^{-5}X_1^2 - 0.031920X_2^2 - 0.38963X_3^2 \tag{2-6}$$

方差分析能够更好地检测模型的精确性及模型的有效性。本实验得到的模型拟合性分析和回归方程的方差分析见表 2-10 和表 2-11。

表 2-10　响应设计的模型拟合性分析

时序模型的平方和						
来　源	平方和	自由度	均方差	F 值	$P_{rob} > F$ 值	评估
平均与总和	1.175×10^5	1	1.175×10^5			
线性与平均	10812.03	3	3604.01	9.36	0.0008	
2FI 模型与线性	1040.84	3	346.95	0.88	0.4761	
二次方与 2FI 模型	4908.47	3	1636.16	78.49	<0.0001	建议的
三次方与二次方	196.58	4	49.14	24.82	0.0007	走样的
残差	11.88	6	1.98			
总和	1.345×10^5	20	6722.72			

失　拟　检　验					
来　源	平方和	自由度	均方差	F 值	p 值
线性型	6157.77	11	559.80		
2FI 模型	5116.92	8	639.62		
二次方型	208.46	5	41.69		
三次方型	11.88	1	11.88		
纯误差	0.000	5	0.000		

模型概率统计					
来　源	标　准		校正 R^2	预测 R^2	预测残差平方和	评估
	偏差	R^2				
线性型	19.62	0.6371	0.5691	0.4612	9143.27	
2FI 模型	19.84	0.6985	0.5593	0.2814	12194.60	
二次方型	4.57	0.9877	0.9767	0.9062	1591.85	建议的
三次方型	1.41	0.9993	0.9978	0.8457	2619.05	走样的

表 2-11 响应面二次模型的方差分析

方差来源	平方和	自由度	均方	F 值	$P_{rob} > F$ 值
模型	16761.34	9	1862.37	69.34	< 0.0001
X_1	709.73	1	709.73	34.05	0.0002
X_2	4053.11	1	4053.11	194.43	< 0.0001
X_3	6049.19	1	6049.19	290.19	< 0.0001
X_1X_2	0.016	1	0.016	7.771×10^{-4}	0.9783
X_1X_3	50.70	1	50.70	2.43	0.1499
X_2X_3	990.13	1	990.13	47.50	< 0.0001
X_1^2	521.45	1	521.45	25.01	0.0005
X_2^2	2349.41	1	2349.41	112.70	< 0.0001
X_3^2	2835.44	1	2835.44	136.02	< 0.0001
残差	208.46	10	20.85		
失拟项	208.46	5	41.69		
纯差	0.000	5	0.000		
总误差	16969.80	19			

在响应曲面的中心组合设计中，为了建立精度高的回归模型，模型的 $P_{rob} > F$ 值不能大于 0.05，这样才可以确保模拟效果更好。此外，为使失拟不明显，因此失拟项 $P_{rob} > F$ 值不能低于 0.05，代表回归方程的拟合度高。本实验响应面设计的数据分析见表 2-10。

数学模型的适用性及精确性可以用模型的决定相关系数 R^2 来表示，R^2 越靠近 1，模型的适用性就会更高，模型精确性更好。由表 2-11 可知，方程（2-6）模拟出来的 R^2 为 0.9877，代表该模型拟合度高，98.54% 的实验数据均可用该模型进行解释。通常预测 R^2 与校正 R^2 误差在 0.2 以下纯属正常，该模型的预测 R^2 与校正 R^2 分别为 $R^2_{Pred} = 0.9062$ 和 $R^2_{adj} = 0.9767$，属于正常范围。精密度用来表征信噪比，当精密度值不小于 4 是可取的，精密度为 28.463 表现了信噪比强度比较好。

由表 2-11 可知，模型的 F 值为 74.73，仅有 0.01% 的概率会使信噪比出错，模型的 $P_{rob} > F$ 值为 0.0001，代表回归模型的精度很高，模拟效果良好。但是变量的 $P_{rob} > F$ 值不大于 0.05 说明变量对响应值有较大影响，因此在可知的影响因素中，因素 X_1、X_2、X_3、X_2X_3 及 X_1^2、X_2^2、X_3^2 对中和铁渣脱水率都有较大的影响，而交互作用因素 X_1X_2、X_1X_3 的影响反而较小。方差分析证明，此模型与实验数据的拟合度良好，可以对中和铁渣脱水率做出比较准确的预测。根据

MYERS 的理论, 如果要使模型拟合效果较为准确, 相关系数要不低于 0.8, 本实验的 $R^2 = 0.9877$、$R^2_{校正} = 0.9767$ 和 $R^2_{预测} = 0.9062$ 均明显不低于 0.8, 因此同时本实验模型拟合效果较好。

上述分析结果表明, 在本次实验研究的范围内, 以上模型能够对脱水率进行比较准确的预测。

图 2-25 所示为中和铁渣脱水率预测值和实测值的关系图, 由图可知, 预测值与实测值非常相近, 证明二次多项式模型可以描述实验因素与中和铁渣脱水率的关联性。这证明选择的模型能够反映参数之间的实际关系, 所以该模型是有用的。

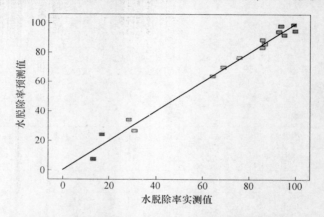

图 2-25　中和铁渣脱水率实验值与预测值对比

图 2-26 所示为中和铁渣脱水率的残差正态概率图, 纵坐标中正态概率的划分代表残差的正态分布情况。由图可知, 残差沿直线分布, 代表实验残差处于正常范围内; 横坐标的残差表示实际的响应值与模型的预测值两者的差值, 残差集中处于中间, 且实际分布点像 "S 形曲线" 代表模型的精确性良好。

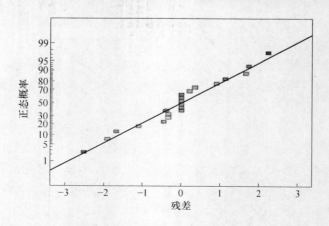

图 2-26　中和铁渣脱水率残差正态概率

2.3.4.3 响应面分析

基于上述回归分析及方差分析，利用回归系数进行统计学计算建立回归模型的二维、三维响应曲面，研究各因素对微波干燥中和铁渣脱水率的影响规律。通过优化的二次模型，得到微波功率、物料量、干燥时间及其相互作用对中和铁渣脱水率影响的响应曲面，如图 2-27 所示。

由图 2-27（a）可知，随着微波功率的升高，中和铁渣脱水率升高，中和铁渣的脱水率随物料量的增加而降低，物料量相对微波功率对脱水率的影响更为显著。由图 2-27（b）可知，中和铁渣脱水率均随微波功率和时间的增加而增加，干燥时间相对微波功率对脱水率的影响更为显著。从图 2-27（c）可以看到，物料量相对微波干燥时间对脱水率的影响更为显著。

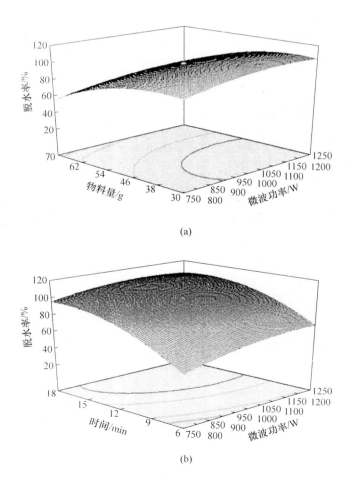

(a)

(b)

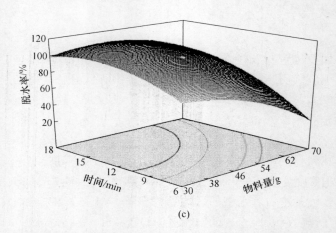

图 2-27　微波功率、物料量、干燥时间及其交互作用对脱水率影响的响应曲面
（a）物料量、微波功率及其交互作用对脱水率的影响；（b）时间、微波功率及其交互
作用对脱水率的影响；（c）时间、物料量及其交互作用对脱水率的影响

2.3.4.4　条件优化及验证

利用响应曲面软件的预测功能，在实验研究的参数范围内，对微波功率、物料量和干燥时间进行了优化设计，并以实际实验数据验证优化的结果，微波干燥中和铁渣脱水的优化条件及其模型验证结果见表 2-12。

表 2-12　回归模型优化工艺参数

温度/℃	微波功率/W	物料量/g	时间/min	水脱除率/%	
				预测值	实测值
100±5	1000	50	12	99.05	99.11

优化参数微波功率 1000W、物料量 50g、干燥时间 12min，温度控制在（100±5）℃的范围内，得出模型预测值为 99.05%，三次平行实验得到实测值为 99.11%，预测值与实测值基本没有太大的偏差，说明采用该响应曲面模型优化微波干燥湿法炼锌中和铁渣获得的优化条件是可靠的。

3 氧化锌烟尘微波脱氟、氯新工艺

3.1 微波焙烧氧化锌烟尘脱氟氯的理论基础

氧化锌烟尘中的氟、氯主要是与铅锌形成相应的卤化物，这些卤化物都具有易挥发的特点，随着焙烧温度的升高，一些蒸气压较高的氟化物和氯化物转化为气态卤化物，从固体物料中挥发，从而实现氟、氯与物料的分离。氧化锌烟尘中卤化物高温挥发反应的方程式见式（3-1）：

$$MeX_2(s) === MeX_2(g) \tag{3-1}$$

式中，Me 表示 Pb^{2+}、Zn^{2+}；X 表示 F^-、Cl^-。

氧化锌烟尘中存在的氟化物和氯化物的熔点、沸点和蒸气压见表 3-1。

表 3-1　氧化锌烟尘中主要卤化物的熔点、沸点和蒸气压

化合物	熔点/℃	沸点/℃	蒸气压/Pa				
			550℃	650℃	750℃	850℃	950℃
ZnF_2	872	1500	$5.96×10^{-3}$	$2.09×10^{-1}$	3.84	$3.35×10$	$2.16×10^2$
PbF_2	855	1293	$4.0×10^{-1}$	8.04	$8.52×10$	$5.67×10^2$	$2.67×10^3$
$ZnCl_2$	365	732	$4.38×10^3$	$3.15×10^4$	$1.46×10^5$	$4.93×10^5$	$1.32×10^6$
$PbCl_2$	501	952	$1.54×10^2$	$1.49×10^3$	$8.59×10^3$	$3.43×10^4$	$1.01×10^5$

从表 3-1 数据可以看出，$ZnCl_2$ 和 $PbCl_2$ 的熔点和沸点相对较低，比较容易挥发。当温度超过 750℃ 以后，铅和锌的氟化物和氯化物的蒸气压就变得比较大了，它们的挥发也会变得越来越显著。

金属卤化物的高温挥发反应过程主要是离子晶体的相变过程和气态卤化物从固相中扩散逸出的过程。化合物的蒸气压越大、温度越高，气流速度越大，挥发速度越大。在气流速度一定的情况下，温度是影响挥发速度的主要因素。

实验研究所用氧化锌烟尘物料来自于回转窑挥发冶炼工艺，铅含量高，当焙烧温度过高时，物料因氧化铅含量高会出现软化和结块现象，影响焙烧的完全程度，进而影响氟化物和氯化物的挥发脱除。

3.2　空气活化微波焙烧氧化锌烟尘脱氯的实验研究

3.2.1　实验原料及方法

3.2.1.1　实验原料

实验所用氧化锌烟尘原料来自河南某铅锌冶炼企业，为回转窑冶炼工艺产出得到的物料。其主要化学成分分析见表 3-2。

表 3-2　氧化锌烟尘化学成分分析

成　分	Zn	$Zn_{(酸)}$	SiO_2	Pb	As	Sb	Ga
含量/%	53	10.5	1.6	10.5	0.33	0.201	0.003
成　分	F	Cl	Fe	In	Ge	Cd	
含量/%	0.04	0.15	6.8	0.047	0.0047	0.54	

由表 3-2 可知，氧化锌烟尘含有相对较高的氯元素，若不加以脱除，浸出过程中氯势必会进入浸出液，造成浸出液中氯超标的严重问题。

氧化锌烟尘的物相组成分析采用日本 Rigaku 公司 TTRA Ⅲ型转靶多功能 X 射线衍射仪，X 射线发生器功率为 18kW 旋转阳极强力转靶，在高反射效率的石墨单色器滤波下，采用 θ~2θ 步进扫描，在 $10°$~$90°$范围内以 $2°/min$ 的慢扫描速度进行测试分析，力求提高低含量物相的分析精度。氧化锌烟尘原料首先在 80℃ 干燥 12h 条件下去除水分，并取一定量的样品进行压片制样，随后立即进行分析，得到氧化锌烟尘的 X 衍射图谱，如图 3-1 所示。从图 3-1 可以看出，氧化锌烟尘中的锌主要以 ZnO 和 $ZnFe_2O_4$形式存在，铅的物相主要以 $PbSO_4$ 和 PbS 的形式存在。

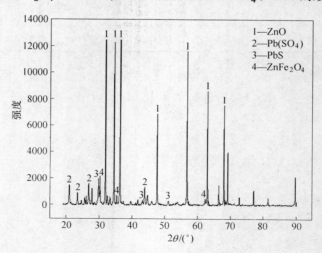

图 3-1　氧化锌烟尘的 X 衍射图

3.2.1.2 实验设备

实验研究主体设备采用昆明理工大学非常规冶金教育部重点实验室研制的功率为 3kW 的箱式微波反应器，实验装置实物图如图 3-2 所示，连接示意图如图 3-3所示。该反微波反应器可实现自动控温，微波频率为 2450MHz，功率为 0～3kW，连续可调；采用带有屏蔽套的热电偶进行测温，测温范围为最高温度到 1400℃；物料承载体为透波性能和耐热冲击性能良好的莫来石坩埚，内径为 90mm，高度为 120mm；烟气烟尘吸收系统由缓冲瓶、两级水吸收瓶、一级碱吸收瓶和微型抽气泵组成；设备装配有搅拌系统，可实现对氧化锌烟尘搅拌强度的调控。

图 3-2　微波实验装置实物

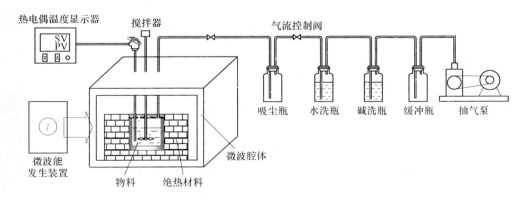

图 3-3　微波实验装置连接示意图

3.2.1.3　实验方法

准确称取氧化锌烟尘原料，装入莫来石坩埚中，套上保温材料，全部置于箱式微波反应器中，打开微波处理系统、搅拌系统和尾气吸收系统，对物料进行微波焙烧处理，搅拌系统可实现对物料的实时搅拌，有利于挥发物的释放，尾气吸收系统及时将挥发出来的组分排出微波腔体。在特定温度和保温时间下分别进行焙烧脱氟氯实验，并分析焙烧后物料中的氟氯含量，研究焙烧温度、保温时间等因素对氟氯脱除率的影响。

3.2.2　氧化锌烟尘在微波场中的升温特性研究

3.2.2.1　物料量对升温行为的影响

物料在微波场中的升温特性与其物料量密切相关。微波输出功率为 900W 的微波场中，锌烟尘质量对其升温行为的影响如图 3-4 所示，100g、200g 和 300g 的氧化锌烟尘试样温度 T_m 与时间的经验关系见式（3-2）~式（3-4）：

$$T_m = 41.842 - 58.588t + 86.611t^2 - 8.820t^3 \quad (R^2 = 0.99739) \quad (3\text{-}2)$$

$$T_m = 49.511 - 82.415t + 86.148t^2 - 8.327t^3 \quad (R^2 = 0.99673) \quad (3\text{-}3)$$

$$T_m = 43.058 - 42.920t + 49.629t^2 - 3.995t^3 \quad (R^2 = 0.996099) \quad (3\text{-}4)$$

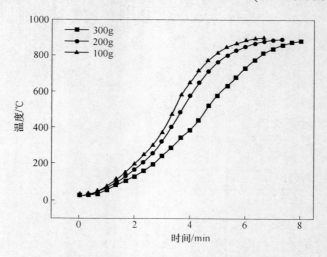

图 3-4　不同质量氧化锌烟尘在微波场中的升温速率曲线

结果表明，在其他条件不变的情况下，氧化锌烟尘表观平均升温速率分别为 110℃/min、122℃/min、135℃/min。由此可见，被加热的氧化锌烟尘质量越小，其表观升温速率越大。

3.2.2.2 微波功率对升温行为的影响

300g 氧化锌烟尘在微波功率下为 500W、700W 和 900W 下的升温曲线如图 3-5 所示，试样温度 T_m 与时间的经验关系式见式（3-5）~式（3-7）：

$$T_m = 63.896 - 72.460t + 37.330t^2 - 2.161t^3 \quad (R^2 = 0.9902) \quad (3-5)$$

$$T_m = 56.245 - 68.365t + 48.625t^2 - 3.406t^3 \quad (R^2 = 0.9957) \quad (3-6)$$

$$T_m = 42.317 - 38.960t + 47.024t^2 - 3.605t^3 \quad (R^2 = 0.9985) \quad (3-7)$$

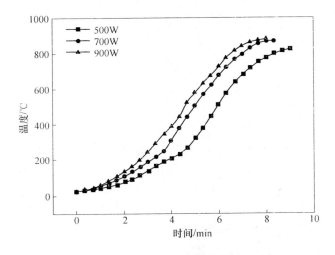

图 3-5 不同微波功率下氧化锌烟尘的升温速率曲线

由图可见，当其他条件相同时，微波功率对物料升温行为的影响主要体现为随着微波功率的增大，氧化锌烟尘表观平均升温速率增大，到达相同温度的时间缩短。

3.2.3 微波焙烧氧化锌烟尘脱氯的实验研究

3.2.3.1 微波焙烧氧化锌烟尘脱氟氯的实验

经过测定分析，氧化锌烟尘原样中的氟含量为 2.539mg/L，符合国家对氧化锌烟尘中氟含量规定的 80mg/L，对焙烧后的烟尘氟含量进行测定分析，其含量远远低于 2.539mg/L，因此在测定过程中不对氟含量进行分析。

A 通空气量对氯脱除率的影响

称取 300g 氧化锌烟尘物料，设定电机的搅拌速度为 60r/min，设定焙烧温度为 650℃，焙烧时间为 30min，在焙烧过程中向反应容器内通入空气，控制通入

空气流量为分别保持在 200L/h、250L/h、300L/h、350L/h、400L/h，焙烧结束
后进行炉外冷却，取样分析焙烧后样品中氯的含量，计算氯的脱除率，考察空气
流量对氧化锌烟尘氯脱除率的影响，结果如图 3-6 所示。

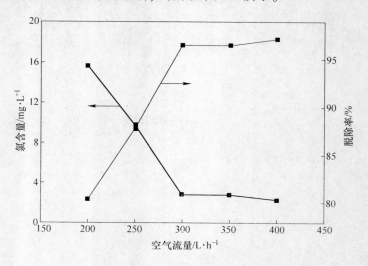

图 3-6　空气流量对氯含量及氯脱除率的影响

　　从图 3-6 可以看出，焙烧过程中向反应容器内通入空气。随着空气流量的增
大，氧化锌烟尘中氯的脱除率不断提高，然而，由于空气量过大会导致体系散热
比较严重，为维持反应过程所需温度，空气流量不宜过大，因此选择 300L/h 为
最佳。

B　焙烧温度对氯脱除率的影响

　　称取 300g 氧化锌烟尘，设定电机的搅拌速度为 60r/min，空气流量分别
300L/h，分别在 500℃、550℃、600℃、650℃、700℃下焙烧 30min，实验结束
后进行炉外冷却，取样分析焙烧后样品中氯的含量，计算氯的脱除率和氯含量，
焙烧温度对氧化锌烟尘氯脱除率的影响如图 3-7 所示。

　　由图 3-7 可以看出，当温度较低时，挥发反应速率受影响，氯的脱除率较
低，随着焙烧温度的提高，氯的脱除率逐渐升高，这是因为温度是影响化合物蒸
气压的主要因素，氯化合物的蒸气压随着温度的升高增加得相当迅速，而蒸气压
越大，其挥发速度越显著，因而氯脱除率越高，在 650℃保温 30min 氯的脱除率
可达到 93.07%。当焙烧温度达到 700℃时，物料因铅含量较高，开始出现软化
和结块现象，进而影响焙烧的完全程度，氯的脱除率增加相对变得缓慢，另外，
在焙烧温度 700℃左右，铅锌卤化物的挥发率最高，将导致有价金属锌铅的大量
损失，不利于有价金属回收，同时增加能耗。

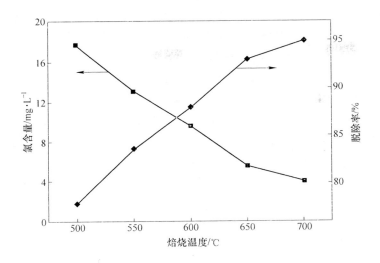

图 3-7 焙烧温度对氯含量及氯脱除率的影响

C 保温时间对氯脱除率的影响

称取 300g 氧化锌烟尘，设定电机的搅拌速度为 60r/min，控制空气流量为 300L/h，在 650℃分别焙烧 0min、10min、20min、30min 和 40min，实验结束后进行炉外冷却，取样分析焙烧后样品中氯的含量，计算氯的脱除率，保温时间对氧化锌烟尘氯脱除率的影响如图 3-8 所示。

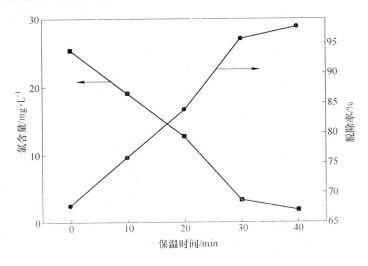

图 3-8 保温时间对氯含量及氯脱除率的影响

图 3-8 表明了在焙烧温度和搅拌速度一定的条件下，氯的脱除率随保温时间

的延长而提高，当保温时间达到 30min 时，氯的脱除率达到 90% 以上，继续延长保温时间氯的脱除率提升缓慢，保温时间过长会导致能耗增加。

D　搅拌速度对氯脱除率的影响

称取 300g 氧化锌烟尘，控制焙烧温度为 650℃，空气流量为 300L/h，分别在电机的搅拌速度为 20r/min、40r/min、60r/min、80r/min 的条件下保温 30min，焙烧结束后进行炉外冷却，取样分析样品中氯的含量，计算氯的脱除率，搅拌速度对氧化锌烟尘氯脱除率的影响如图 3-9 所示。

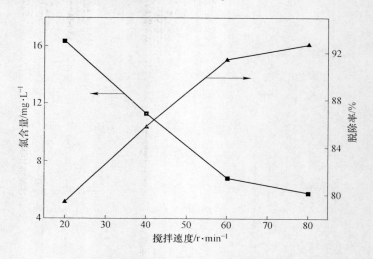

图 3-9　搅拌速度对氯含量及氯脱除率的影响

从图 3-9 可以看出，搅拌速度对氯的脱除率有着较为显著的影响，较大的搅拌速度可使转化为气态的氯化合物充分挥发到气相，实现与氧化锌烟尘主体的分离。当搅拌速度达到 60r/min 以上时，对氯的脱除率提高相对不明显，搅拌速度过大反而会造成烟尘量大，锌、铅等有价金属的损失增加。

3.2.3.2　微波焙烧氧化锌烟尘脱氯的响应曲面优化实验

A　响应曲面优化实验设计

在上述单因素实验研究的基础上，在通入空气流量为 300L/h 的前提下，选取对利用硫酸化反应焙烧氧化锌烟尘脱除氯影响较大的焙烧温度（$X_1/℃$）、保温时间（X_2/min）、搅拌速度（$X_3/r \cdot min^{-1}$）作为实验的三个因素，采用响应曲面法对实验进行优化设计，以及系统实验。通过 CCD 设计的系统优化实验方案共计 20 组实验，其中有中心点重复试验 6 组，考察的响应值为氧化锌烟尘的脱氯率（Y），实验设计方案和实验结果见表 3-3。

表3-3 响应面设计方案与实验结果

序号	焙烧温度/℃	保温时间/min	搅拌速度/r·min⁻¹	氯含量/mg·L⁻¹	脱氯率/%
1	650	13.18	60	17.86491	77.45
2	481.82	30	60	15.37361	80.60
3	750	20	40	4.41189	94.43
4	650	30	60	3.91363	95.06
5	550	20	40	23.84403	69.91
6	750	20	80	1.92059	97.58
7	750	40	80	0.92407	98.83
8	650	30	60	3.91363	95.06
9	550	40	40	11.88579	85.00
10	550	40	80	9.89275	87.51
11	650	30	26.36	7.40145	90.66
12	650	30	93.64	1.92059	97.58
13	650	30	60	3.41537	95.69
14	750	40	40	6.40493	91.92
15	650	30	60	3.91363	95.06
16	818.18	30	60	4.41189	94.43
17	650	30	60	3.41537	95.69
18	650	30	60	2.91711	96.32
19	550	20	80	13.38057	83.11
20	650	46.82	60	1.92059	97.58

B 模型精确性分析

响应曲面优化设计中，对模型的精确性验证是数据分析的一个不可缺少的环节，如果选用的模型精确度不够，将会导致获得的结果存在比较大的误差或得到错误的结论。本实验模型的精确性分析采用美国 STAT-EASE 公司开发的 Design Expert 实验设计软件。以脱氯率 (Y) 为因变量，以焙烧温度 (X_1/℃)、保温时间 (X_2/min) 和搅拌速度 (X_3/r·min⁻¹) 为自变量，通过最小二乘法拟合得到氧化锌烟尘脱氯率的二次多项回归方程方程，见式 (3-8)：

$$Y = -182.4496784 + 0.51248X_1 + 3.87652X_2 + 0.77833X_3 -$$
$$1.9325 \times 10^{-3}X_1X_2 - 2.75 \times 10^{-4}X_1X_3 - 8.3125 \times 10^{-3}X_2X_3 -$$
$$2.90801 \times 10^{-4}X_1^2 - 0.028072X_2^2 - 1.78552 \times 10^{-3}X_3^2 \qquad (3-8)$$

　　通过方差分析可以进一步检测模型的精确性，能够得到多项式方程中所有系数的显著性，并可以判断模型的有效性。本实验所得回归方程的方差分析见表3-4。

表 3-4　脱氯率的方差分析结果

方差来源	平方和	自由度	均方	F 值	$P_{rob} > F$ 值
Model	1122. 313	9	124. 701	15. 06640372	0. 0001
X_1	491. 018	1	491. 018	59. 32473369	< 0. 0001
X_2	261. 165	1	261. 165	31. 55385448	0. 0002
X_3	100. 960	1	100. 960	12. 19794265	0. 0058
$X_1 X_2$	29. 876	1	29. 876	3. 609667452	0. 0866
$X_1 X_3$	2. 420	1	2. 420	0. 292383976	0. 6005
$X_2 X_3$	22. 111	1	22. 111	2. 671477349	0. 1332
X_1^2	121. 869	1	121. 869	14. 72419725	0. 0033
X_2^2	113. 570	1	113. 570	13. 72148551	0. 0041
X_3^2	7. 351	1	7. 351	0. 888156191	0. 3682
残差	82. 768	10	8. 277		

注：$R^2 = 0.9313$，$R^2_{校正} = 0.8695$。

　　用模型的决定相关系数（R^2）及校正相关系数（R^2）可以表征数学模型的适应性与精确性，两者的数值越接近且越近于 1，说明回归模型与实际工艺的适用性越高，模型越精确。经过软件计算分析，方程（3-8）的决定相关系数为 0.9313，校正相关系数 $R^2_{校正}$ 为 0.8695，当 R^2 值和 $R^2_{校正}$ 值越高且越接近时，认为模型是显著的，说明该模型与实验数据的拟合度高，此模型能够说明氧化锌烟尘的氯脱除率与所考察影响因素的实际关系。

　　采用方差分析对模型的精确度进行深入分析，模型的 F 值为 15.066，$P_{rob} > F$ 值小于 0.0001，表明模型的精确度很高，模拟效果显著。如果变量的 $P_{rob} > F$ 值小于 0.05，说明此变量对响应值有显著影响，在该分析中，影响因素 X_1、X_2、X_3 及 $X_2 X_3$ 和平方项 X_1^2、X_2^2 对模型的影响作用较大，即对氯的脱除率影响明显。

　　在该分析中，X_1、X_2、X_3 以及平方项 X_1^2、X_2^2、X_3^2 对模型的影响作用较大，即对氯的脱除率影响明显。分析结果表明，在实验研究范围内，上述模型可以对脱氯率进行较精确的预测。

　　图 3-10 所示为氧化锌烟尘氯脱除率预测值和实验值的对比，从图中可以看出，软件设计获得的预测值与实验值结果比较接近，获得的实验结果点基本平均

分布于预测值直线的周围，表明实验选取的模型可以很好地反映氧化锌烟尘脱氯的影响因子（自变量）与因变量之间的关系。

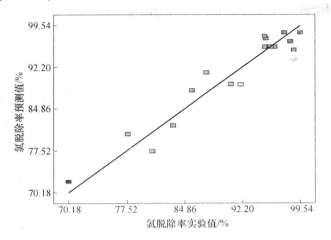

图 3-10　氧化锌烟尘氯脱除率实验值与预测值对比

图 3-11 所示为氧化锌烟尘氯脱除率的残差正态概率图，纵坐标中正态概率的划分代表残差的正态分布情况。由图可知，残差沿直线分布，表明实验残差分布在常态范围内；横坐标的残差代表实际的响应值与模型的预测值之间的差值，残差集中分布中间，表明模型的精确性良好。

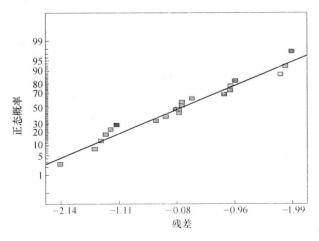

图 3-11　氧化锌烟尘氯脱除率残差正态概率

C　响应面分析

在回归分析及方差分析的基础上，通过将回归系数进行统计学计算建立回归模型的二维、三维响应曲面，考察各因素对微波焙烧氧化锌烟尘氟氯脱除率的影响规律。根据优化的二次模型，得到焙烧温度、保温时间、搅拌速度及其相互作用对氯脱除率影响的响应曲面，如图 3-12 所示。

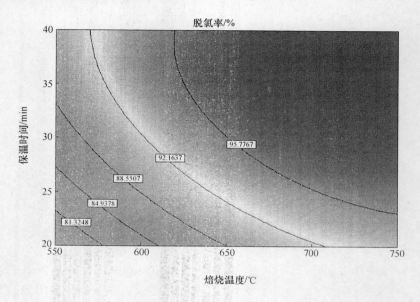

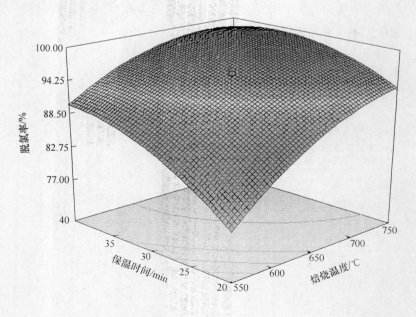

(a)

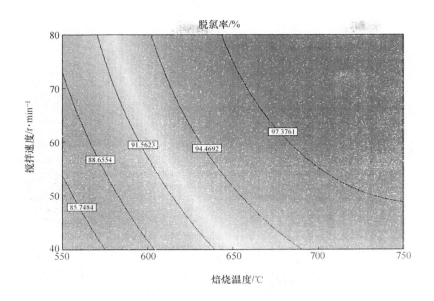

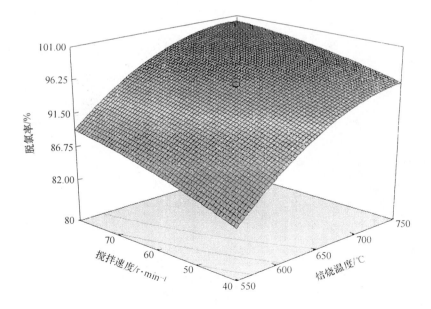

(b)

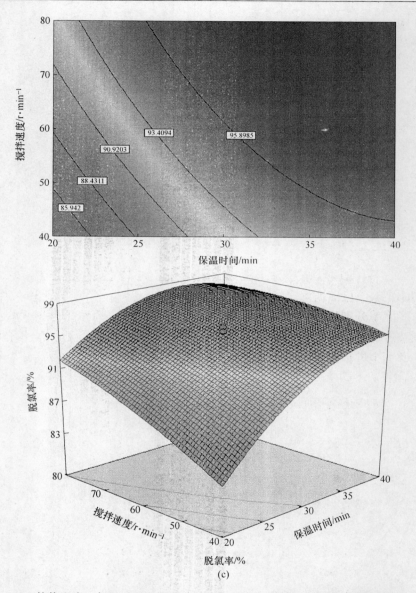

图 3-12 焙烧温度、保温时间、搅拌速度及其相互作用对氯脱除率影响的响应曲面
(a) 焙烧温度、保温时间及其交互作用对脱氯率的影响；(b) 焙烧温度、搅拌速度及其交互
作用对脱氯率的影响；(c) 保温时间、搅拌速度及其交互作用对脱氯率的影响

　　焙烧温度和保温时间作为自变量的函数，对因变量氧化锌烟尘氯脱除率的响应曲面和等高线如图 3-12 (a) 所示，从图中可以看出，随着焙烧温度的提高，氯脱除率也提高，且在保温时间上也表现出同样的趋势，即随着保温时间的延长，氯脱除率也随着增加。焙烧温度和搅拌速度及其相互作用对氯脱除率的响应

曲面如图 3-12 （b） 所示，自变量焙烧温度和搅拌速度对氯脱除率显示出积极的影响。从图 3-12 （c） 可以看出，保温时间和搅拌速度对氧化锌烟尘中氯的脱除率也有着积极的影响。

D　条件优化及验证

通过响应曲面软件的预测功能，在实验研究参数范围内，对焙烧温度、保温时间和搅拌速度进行了优化设计，并根据优化实验的结果进行验证实验，得到实验值和预测值的对比，微波直接焙烧氧化锌烟尘脱氯的优化条件及其模型验证结果见表 3-5。

表 3-5　回归模型优化工艺参数

焙烧温度/℃	保温时间/min	搅拌速度 /r·min	氯脱除率/%	
			优化值	实验值
650	30	60	95.73	95.66

为了检验响应曲面法优化的可靠性，采用优化后的工艺参数进行实验，此条件下氯脱除率分别为 95.66%，与预测值的偏差较小，由此说明采用响应曲面法优化微波焙烧氧化锌烟尘脱除氯的工艺参数是可靠的。将该工艺条件下焙烧得到的氧化锌烟尘进行浸出，测得浸出液中的氯浓度为 3.91mg/L，满足锌电积过程对氯含量的要求。

3.3　水蒸气活化微波焙烧氧化锌烟尘脱氟氯的实验研究

3.3.1　实验原料及方法

3.3.1.1　实验原料

实验用氧化锌烟尘来源于云南某铅锌冶炼企业，样品成分含量见表 3-6，从表中可以看出，该氧化锌烟尘物料锌含量较高，达 67.22%，另外还含有大量的 Pb、Fe 有价金属，具有较高的综合回收利用价值，另外，也不难看出 F、Cl 含量较高，分别为 3.08%、0.43%，因此，回收此类氧化锌烟尘过程中 F、Cl 等有害杂质的去除是关键性问题。

表 3-6　氧化锌烟尘化学成分分析

成　分	Zn	Pb	Fe	Cl	K	S
含量/%	67.219	15.940	3.9620	3.0790	2.9294	2.4603
成　分	Bi	Sn	Si	Ca	F	
含量/%	1.3244	0.7731	0.7159	0.6103	0.43	

3.3.1.2　物相分析

原料首先在 80℃ 干燥，对氧化锌烟尘的物相进行 XRD 分析，结果如图 3-13 所示。

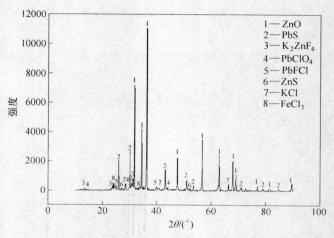

图 3-13　氧化锌烟尘的 X 衍射图

从图 3-13 可以看出，此种氧化锌烟尘中的锌主要以 ZnO、ZnS、K_2ZnF_4 的形式存在，铅的物相主要以 PbS、$PbClO_4$ 和 PbFCl 的形式存在，另外，还存在少部分的 $FeCl_3$、KCl。表 3-6 及图 3-13 的结果表明，氧化锌烟尘中铅锌含量高，主要以铅锌氧化物和硫化物的形式存在，对锌电解过程有害的氟氯元素含量相对较高。

3.3.2　氧化锌烟尘微波场中的升温特性研究

3.3.2.1　物料量对升温行为的影响

物料在微波场中的升温特性与其物料量密切相关。微波输出功率为 900W 的微波场中，锌烟尘质量对其升温行为的影响如图 3-14 所示，实验过程中，分别取 300g、200g 和 100g 的氧化锌烟尘在箱式微波反应器中进行焙烧，用热电偶对物料进行测温，每隔 15s 记录一个温度值，线性拟合得到温度 T_m 与时间的经验关系见式 (3-9)~式 (3-11)：

$$T_m = 85.041 - 101.918t + 61.393t^2 - 4.072t^3 \qquad (R^2 = 0.9724) \qquad (3-9)$$

$$T_m = 101.89 - 204.155t + 140.218t^2 - 13.802t^3 \qquad (R^2 = 0.9705) \qquad (3-10)$$

$$T_m = 76.889 - 180.623t + 173.098t^2 - 20.42t^3 \qquad (R^2 = 0.9792) \qquad (3-11)$$

结果表明，在其他条件不变的情况下，氧化锌烟尘表观平均升温速率分别

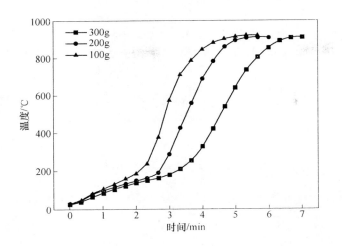

图 3-14 不同质量氧化锌烟尘在微波场中的升温速率曲线

142.01℃/min、180.69℃/min、211.5℃/min。由此可见，被加热的氧化锌烟尘质量越小，其表观升温速率越大。

3.3.2.2 微波功率对升温行为的影响

300g 氧化锌烟尘在微波功率为 500W、700W 和 900W 下在箱式微波反应器中进行焙烧，用热电偶对物料进行测温，每隔 15s 记录一个温度值，不同功率条件下锌烟尘升温行为曲线如图 3-15 所示，线性拟合得到温度 T_m 与时间的经验关系

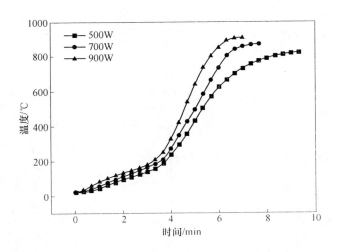

图 3-15 不同微波功率下氧化锌烟尘的升温速率曲线

见式 (3-12) ～式 (3-14)：

$$T_m = 69.492 - 92.279t + 50.341t^2 - 3.416t^3 \qquad (R^2 = 0.9910) \qquad (3\text{-}12)$$

$$T_m = 74.780 - 96.167t + 54.519t^2 - 3.569t^3 \qquad (R^2 = 0.9819) \qquad (3\text{-}13)$$

$$T_m = 85.041 - 101.918t + 61.393t^2 - 4.072t^3 \qquad (R^2 = 0.9724) \qquad (3\text{-}14)$$

由图可见，当其他条件相同时，微波功率对物料升温行为的影响主要体现为随着微波功率的增大，氧化锌烟尘表观平均升温速率增大，到达相同温度的时间缩短。

3.3.3　微波直接焙烧氧化锌烟尘脱氟氯单因素实验研究

3.3.3.1　焙烧温度对氟氯脱除率的影响

称取 300g 氧化锌烟尘，设定电机的搅拌速度为 100r/min，控制保温时间为 60min，分别在 550℃、600℃、650℃、700℃、750℃进行焙烧，焙烧结束后进行炉外冷却，取样分析焙烧后样品中氟氯的含量，计算氟氯的脱除率，焙烧温度对氧化锌烟尘氟氯脱除率的影响如图 3-16 所示。

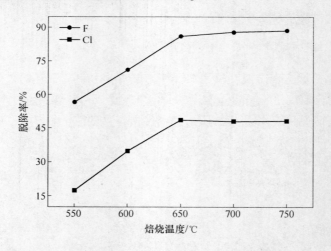

图 3-16　焙烧温度对氟氯脱除率的影响

由图 3-16 可以看出，当温度较低时，挥发反应速率受影响，氟氯的脱除率较低，随着焙烧温度的提高，氟氯的脱除率逐渐升高，这是因为温度是影响化合物蒸气压的主要因素，氟氯化合物的蒸气压随着温度的升高增加得相当迅速，而蒸气压越大，其挥发速度越显著，因而氟氯脱除率越高，在相同的控制条件下焙烧温度在 650℃时氟氯的脱除率可达到很好的脱除效果。当焙烧温度达到 700℃时，物料因铅含量较高，开始出现软化和结块现象，进而影响焙烧的完全程度，氟氯的脱除率增加相对变得缓慢，另外，在焙烧温度750℃左右，铅锌卤化物的挥发率最高，将导致有价金属锌铅的大量损失，不利于有价金属回收，同时增加了能耗。因此，控制焙烧温度在650℃较为合适。

3.3.3.2 搅拌速度对氟氯脱除率的影响

称取300g氧化锌烟尘，控制焙烧温度为650℃，在电机的搅拌速度分别为20r/min、40r/min、60r/min、80r/min、100r/min的条件下保温60min，焙烧结束后进行炉外冷却，取样分析样品中氟氯的含量，计算氟氯的脱除率，搅拌速度对氧化锌烟尘氟氯脱除率的影响如图3-17所示。

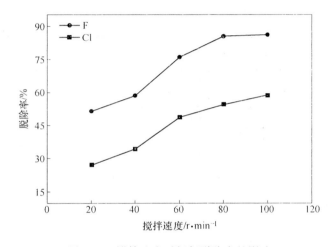

图3-17 搅拌速度对氟氯脱除率的影响

从图3-17可以看出，搅拌速度对氟氯的脱除率有着较为显著的影响，较大的搅拌速度可使转化为气态的氟氯化合物充分挥发到气相，实现与氧化锌烟尘主体的分离。当搅拌速度达到80r/min以上时，对氟氯的脱除率提高相对不明显，搅拌速度过大反而会造成烟尘量大，锌、铅等有价金属的损失增加，而且在高温条件下高速搅拌也不利于维持搅拌器的正常寿命，最终选择最优转速为80r/min。

3.3.3.3 保温时间对氟氯脱除率的影响

称取300g氧化锌烟尘，设定电机的搅拌速度为80r/min，在650℃下分别保温20min、40min、60min、80min、100min，焙烧结束后进行炉外冷却，取样分析焙烧后样品中氟氯的含量，保温时间对氧化锌烟尘氟氯脱除率的影响如图3-18所示。

由图3-18可以看出在焙烧温度和搅拌速度一定的条件下，氟氯的脱除率随

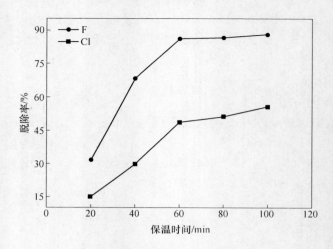

图 3-18　保温时间对氟氯脱除率的影响

保温时间的延长而提高，当保温时间超过 60min 以上时，继续延长保温时间氟氯的脱除率提升缓慢，保温时间过长会导致能耗增加，从经济效益方面考虑不利，最终选择最优保温时间为 60min。

　　由微波直接焙烧氧化锌烟尘脱氟氯的单因素实验结果与分析可以明显看，氟的脱除效果很好，控制相应的条件焙烧温度为 650℃、保温时间 60min、搅拌速度在 80r/min 时，脱除率达到 85.56%，氯脱除率随着焙烧温度上升、保温时间增加、搅拌速度的增加也相应增加，相同条件下氯脱除效率为 54.61%，脱除效果不是很明显，有待进一步的研究。

3.3.4　水蒸气活化——微波焙烧氧化锌烟尘脱氟氯的实验研究

3.3.4.1　水蒸气活化焙烧的理论基础

　　在微波场下直接焙烧氧化锌烟尘脱除氟氯研究的基础上，提出向反应器内通入水蒸气和空气等强化措施，促使热水解反应（式（3-17））和硫酸化反应（式（3-18））的发生，以求进一步降低能耗、缩短反应时间，提高氟氯的脱除率。根据本实验物料的特点，物料中有硫化锌（ZnS）存在，当焙烧开始的时候在通入空气的条件下，硫化锌（ZnS）可以发生氧化反应（式（3-15）），在 O_2 较充足时，SO_2 发生二次氧化反应（式（3-16））且反应（式（3-16））是可逆反应，低温时（500℃）由左向右进行，即二氧化硫转化成三氧化硫，在较高温度时（600℃以上）该反应由右向左进行，即三氧化硫转化成二氧化硫。那么在较高温度时，该反应的气相中存在 SO_2 对反应（3-18）起到促进作用。

$$2ZnS + 3O_2(g) \Longrightarrow 2ZnO + 2SO_2(g) \tag{3-15}$$

$$2SO_2 + O_2(g) \Longrightarrow 2SO_3(g) \tag{3-16}$$

$$MeX_2 + H_2O \Longrightarrow MeO + 2HX(g) \tag{3-17}$$

$$MeX_2 + H_2O + 1/2O_2 + SO_2 \Longrightarrow MeSO_4 + 2HX(g) \tag{3-18}$$

式中，Me 表示 Pb^{2+}、Zn^{2+}；X 表示 F^-、Cl^-。

氧化锌烟尘中的卤化物在 600~900℃下的挥发反应、热水解反应和硫酸化反应的吉布斯自由能与平衡常数见表 3-7 和表 3-8。

表 3-7 相关卤化物热水解反应和硫酸化反应的 G　　　　　（kJ/mol）

物质	热水解反应				硫酸化反应			
	873K	973K	1073K	1173K	873K	973K	1073K	1173K
ZnCl₂	27.44	18.65	18.27	21.38	-62.71	-43.79	-19.23	-9.31
PbCl₂	104.66	97.69	90.95	83.16	-67.90	-48.22	-27.36	-14.72
ZnF₂	0.33	-12.81	-25.77	-47.33	-89.82	-75.25	-63.27	-49.40
PbF₂	63.38	54.91	47.10	38.87	-109.28	-91.00	-71.20	-59.01

表 3-8 相关卤化物化学反应的平衡常数

物质	挥发反应			热水解反应			硫酸化反应		
	873K	973K	1073K	873K	973K	1073K	873K	973K	1073K
ZnCl₂	0.121	0.699	2.719	0.023	0.10	0.13	5651.63	224.45	8.63
PbCl₂	5.06×10^{-3}	3.67×10^{-2}	0.172	5.46×10^{-7}	5.52×10^{-6}	3.74×10^{-5}	1.16×10^4	387.78	21.46
ZnF₂	—	—	—	0.960	4.870	17.980	2.37×10^5	1.10×10^4	1203.2
PbF₂	—	—	—	1.61×10^{-4}	1.13×10^{-3}	5.09×10^{-3}	3.46×10^6	7.68×10^4	2.93×10^3

由表 3-7 和表 3-8 可以看出，3 个化学反应中，硫酸化反应的自由能最小、平衡常数最大，该反应在热力学上最容易进行。但随着温度的升高，硫酸化反应的自由能逐渐变大，反应变得难以进行。因此水蒸气活化焙烧脱氟氯并不需要过高的温度。

3.3.4.2 水蒸气活化焙烧的单因素实验结果与分析

A 空气流量对氟氯脱除率的影响

称取 300g 氧化锌烟尘物料，设定电机的搅拌速度为 80r/min，设定焙烧温度为 650℃，保温时间为 60min，焙烧过程中向反应容器内通入空气，控制空气流量分别保持在 200L/h、250L/h、300L/h、350L/h、400L/h，焙烧结束后进行炉外冷却，取样分析焙烧后样品中氟氯的含量，计算氟氯的脱除率，考察空气流量对氧化锌烟尘氟氯脱除率的影响，结果如图 3-19 所示。

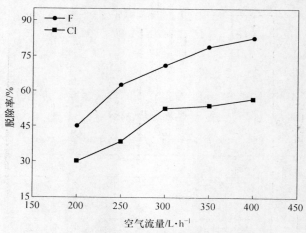

图 3-19　空气流量对氟氯脱除率的影响

　　从图 3-19 可以看出，焙烧过程中向反应容器内通入空气，随着空气流量的增大，氧化锌烟尘中氟氯的脱除率提高得比较缓慢，这可能是由于空气的水分比较小，不足以促使硫酸化反应的进行，氟氯的脱除主要以挥发反应为主。由于空气量过大会导致体系散热比较严重，为维持反应过程所需温度，空气流量不宜过大，空气最佳流量选定为 300L/h。

　　B　水蒸气流量对氟氯脱除率的影响

　　称取 300g 氧化锌烟尘，设定电机搅拌速度为 80r/min，设定焙烧温度为650℃，保温时间为 60min，向反应容器内通入水蒸气，水蒸气由流量为 300L/h空气流携带进入反应容器，通过调节电加热套的功率调节水蒸气的流量，在水蒸气流量分别为 2mL/min、4mL/min、6mL/min、8mL/min 和 10mL/min 的条件下进行焙烧，实验结束后进行炉外冷却，取样分析焙烧后样品中氟氯的含量，计算氟氯的脱除率，水蒸气流量对氧化锌烟尘氟氯脱除率的影响如图 3-20 所示。

　　图 3-20 表明水蒸气的通入对氟氯的脱除有着显著的积极影响，这是因为氧化锌烟尘中含有 3.8% 的硫，在高温下硫发生氧化反应形成 SO_2，在通入足量空气和水蒸气的条件下，可促使硫酸化反应不断发生，氟氯以卤化氢气体从物料中释放出，水蒸气流量越大，硫酸化反应越充分，氟氯的脱除率越高。当水蒸气的流量为 8mL/min 时，650℃保温 60min，脱氟氯率可达到最佳效果。

　　C　焙烧温度对氟氯脱除率的影响

　　称取 300g 氧化锌烟尘，设定电机的搅拌速度为 80r/min，控制水蒸气和空气流量分别为 8mL/min 和 300L/h，分别在 550℃、600℃、650℃、700℃、750℃下焙烧 60min，实验结束后进行炉外冷却，取样分析焙烧后样品中氟氯的含量，计算氟氯的脱除率，焙烧温度对氧化锌烟尘氟氯脱除率的影响如图 3-21 所示。

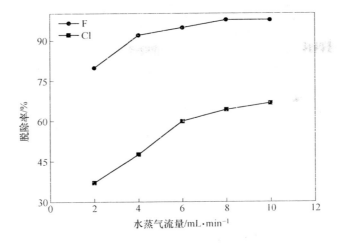

图 3-20　水蒸气流量对氟氯脱除率的影响

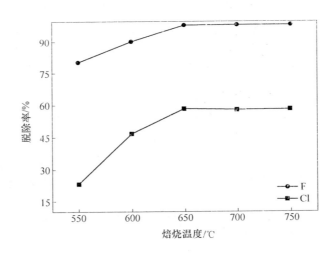

图 3-21　焙烧温度对氟氯脱除率的影响

由图 3-21 可知，在有空气和水蒸气的参与下，650℃ 保温 60min 氧化锌烟尘中氟氯的脱除率分别达到 64.23%、97.47%，在 550~650℃ 这个温度区间，氟氯脱除率的提高相当显著，这个温度区间也是活化反应最为有利的温度区间，与前面的理论分析相吻合。表明利用水蒸气活化反应焙烧脱除氟氯，在相同的温度下，可以达到相对高的脱除率。

D　保温时间对氟氯脱除率的影响

称取 300g 氧化锌烟尘，设定电机的搅拌速度为 80r/min，控制水蒸气和空气流量分别为 8mL/min 和 300L/h，在 650℃ 分别焙烧 20min、40min、60min、80min 和 100min，实验结束后进行炉外冷却，取样分析焙烧后样品中氟氯的含量，计算氟氯的脱除率，保温时间对氧化锌烟尘氟氯脱除率的影响如图 3-22 所示。

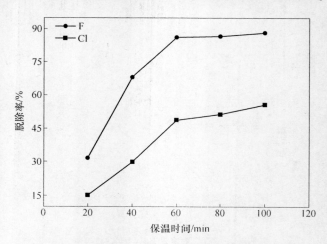

图 3-22　保温时间对氟氯脱除率的影响

由图 3-22 可以看出，在有水蒸气和空气参与的情况下，在前 60min 氧化锌烟尘中氟氯的脱除率随时间的改变也相当明显，当保温时间在 60min 以上时脱除率提升缓慢。水蒸气活化反应加速了氟氯的脱除。

E　搅拌速度对氟氯脱除率的影响

称取 300g 氧化锌烟尘，设定保温时间为 60min，控制水蒸气和空气流量分别为 8mL/min 和 300L/h，在 650℃ 分别控制电机的搅拌速度为 20r/min、40r/min、60r/min、80r/min、100r/min，实验结束后进行炉外冷却，取样分析焙烧后样品中氟氯的含量，计算氟氯的脱除率，搅拌速度对氧化锌烟尘氟氯脱除率的影响如图 3-23 所示。

从图 3-23 可以看出，氟氯的脱除率随搅拌速度的增加而提升，当搅拌速度达到 80r/min 以上时，对氟氯的脱除率提高相对不明显。

在最佳工艺的条件下得出通水蒸气活化能提高氟氯脱除率，在焙烧温度为 650℃，保温时间为 60min，搅拌速度为 80r/min，通水蒸气量为 8ml/min 时，可达到更好的脱除效果，氟氯的脱除率为 97.26%、64.66%。氟的脱除率明显增加，与直接焙烧相比在较低的焙烧温度、保温时间和搅拌速度下就可以达到 90%以上的脱除率；氯的脱除率明显增加，与直接焙烧相比相同的单因素条件下脱出率增加 10%左右。由水蒸气活化焙烧的单因素分析可明显看出通水蒸气活化可进一步降低能耗、缩短反应时间、提高氟氯的脱除率。

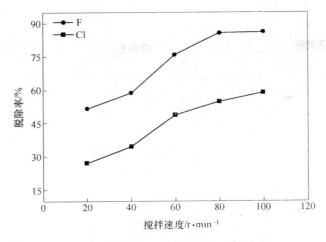

图 3-23　搅拌速度对氟氯脱除率的影响

4 酸性浸出氧化锌烟尘提锌实验研究

4.1 实验原料

实验所用的氧化锌烟尘来自于国内某湿法炼锌企业，其主要的化学成分分析结果见表 4-1，同时进行 XRD、SEM 分析，结果如图 4-1、图 4-2 所示。

表 4-1 氧化锌烟尘的化学成分分析

成 分	Zn	Pb	Cd	Fe	Mn	S
含量/%	41.37	19.77	1.01	2.05	0.20	3.95
成 分	As	Cl	Si	Ca	In	F
含量/%	0.53	0.28	0.19	0.12	820.8g/t	<0.01

图 4-1 所示为氧化锌烟尘样品的 XRD 图，由图中可以看出该氧化锌烟尘中的锌主要以氧化锌的形式存在，而硫化锌的衍射峰较弱，另外，氧化锌烟尘中还含有其他成分：SiO$_2$、CaSO$_3$、PbSO$_4$、PbS、CuCl 等物质。图 4-2 所示为氧化锌烟尘的 SEM-EDS 图谱，由图 4-2 可以看出，氧化锌烟尘主要以三类颗粒形式存在：亮灰色颗粒、暗灰色颗粒及灰黑色颗粒，其中颗粒之间包裹较为紧密。

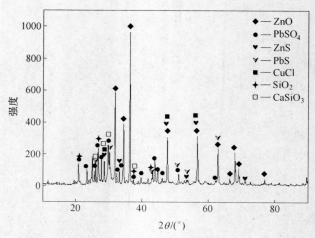

图 4-1 氧化锌烟尘样品 XRD 图谱

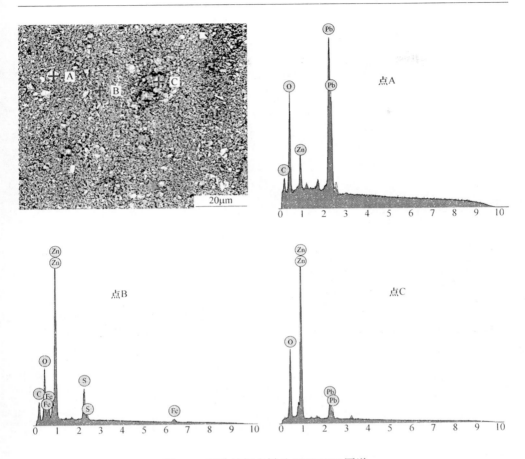

图 4-2 氧化锌烟尘样品 SEM-EDS 图谱

4.2 常规酸性浸出氧化锌烟尘实验研究

在浸出过程中发生的主要反应有：

$$ZnO + H_2SO_4 == ZnSO_4 + H_2O \qquad (4-1)$$

$$ZnFe_2O_4 + 4H_2SO_4 == ZnSO_4 + Fe_2(SO_4)_3 + 4H_2O \qquad (4-2)$$

氧化锌烟尘的常规酸性浸出工艺主要研究单因素：硫酸初始浓度、温度、液固比、浸出时间以及搅拌速度对金属锌的回收率的影响。

4.2.1 硫酸初始浓度对锌浸出率的影响

控制反应温度为 70℃，液固比 5:1，浸出时间 30min，研究不同初始酸度（60g/L、80g/L、100g/L、120g/L、140g/L 和 160g/L）对锌浸出率的影响，实验结果如图 4-3 所示。

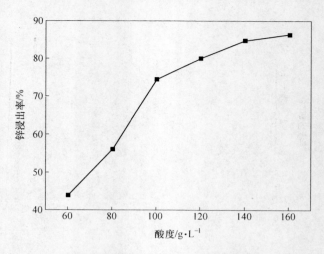

图 4-3　硫酸初始浓度对锌浸出率的影响

由图 4-3 可知，氧化锌烟尘在酸性浸出反应中，初始硫酸的浓度对锌的浸出率有较大影响，随着初始浓度的增加锌浸出率不断升高，在硫酸初始浓度为 60g/L 时锌的浸出率为 43.99%，140g/L 时锌的浸出率达到 84.88%，160g/L 时锌的浸出率为 86.49%。在 60~140g/L 范围内，随着硫酸浓度的增加，锌的浸出率有较大提高；超过 140g/L 后，锌的浸出率增加缓慢。因此，确定硫酸初始浓度为 140g/L。

4.2.2　浸出时间对锌浸出率的影响

控制初始酸度为 140g/L，反应温度 70℃，液固比 5∶1，搅拌速度为 500r/min，考察不同浸出时间（5min、10min、20min、30min、40min、50min）对锌浸出率的影响，实验结果如图 4-4 所示。

由图 4-4 可知，5min 时锌的浸出率为 72.2%，30min 时锌的浸出率为 83.87%，50min 时锌的浸出率为 84.88%。由图可以看出，在 5~30min 范围内，随着浸出时间的增加，锌的浸出率急剧增加；在 30min~40min 范围内，随着时间的增加，锌的浸出率略有减小；超过 40min 之后，随着时间的增加，锌的浸出率增加速度缓慢。控制最佳浸出时间以 30min 为宜。

4.2.3　搅拌速度对锌浸出率的影响

控制反应温度为 70℃，初始酸度 140g/L，液固比 5∶1，浸出时间 30min，考察不同搅拌速度（200r/min、300r/min、400r/min、500r/min 以及 600r/min）时对锌浸出率的影响，实验结果如图 4-5 所示。

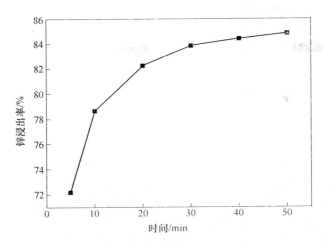

图 4-4 浸出时间对锌浸出率的影响

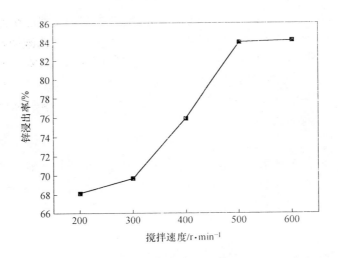

图 4-5 搅拌速度对锌浸出率的影响

由图 4-5 可以看出，当搅拌速度增大的时候，锌的浸出率也随之增大，当搅拌速度为 500r/min 时，锌的浸出率为 84.88%；当搅拌速度在 200~500r/min 时，锌的浸出率增幅比较大；当搅拌速度大于 500r/min 时，锌的浸出率基本保持不变，综合考虑实验的搅拌速度确定为 500r/min。

4.2.4 液固比对锌浸出率的影响因素

控制反应温度为 70℃，初始酸度 140g/L，浸出时间 30min，搅拌速度

500r/min，考察不同液固比（2∶1，3∶1，4∶1，5∶1以及6∶1）对锌浸出率的影响，实验结果如图4-6所示。

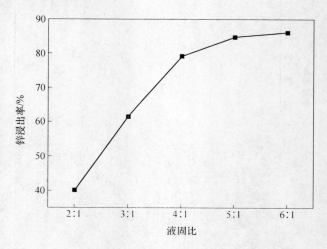

图4-6　液固比对锌浸出率的影响

　　由图4-6可知，液固比从2∶1增加至5∶1的过程中，锌的浸出率呈快速增长趋势。在液固比较低时，随着液固比的增大，不仅使溶液的黏度降低，同时增加了反应器中固液接触面，使扩散反应越易进行，而且随着硫酸用量的增加，原料与酸的反应更充分，原料中的锌也越易浸出，从而金属的浸出率也相应增大。当液固比增加至5∶1后，锌的浸出率增加缓慢，这是由于液固比增加到一定程度之后，其对溶液黏度的影响越来越小，从而对反应速率的影响也越来越小，因此，随着液固比的增加，锌的浸出率基本保持不变。在实际生产中，随着反应液固比的增加，后续液固分离困难，综合考虑常规条件选择液固比5∶1为最佳反应液固比。

4.2.5　反应温度对锌浸出率的影响

　　控制硫酸初始浓度为140g/L，液固比为5∶1，搅拌速度为500r/min，反应时间为30min，研究不同浸出温度对锌浸出率的影响，结果如图4-7所示。

　　由图4-7可知，反应温度对锌的浸出率有一定影响，随着温度的升高，锌浸出率不断增加，然而当温度达到70℃以后，升高温度，锌的浸出率增加缓慢。反应温度为70℃时，锌的浸出率为83.33%；80℃时，锌的浸出率为83.69%。温度从40℃升高到70℃，随着温度的升高，分子的运动速度也加快，从而提高了有效碰撞次数，增加了化学反应速率。本实验反应温度选择70℃为最佳浸出温度。

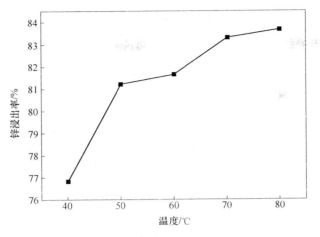

图 4-7 浸出温度对锌浸出率的影响

综上所述,含锌二次资源氧化锌烟尘酸性浸出锌工艺实验研究结果表明,控制硫酸初始浓度为 140g/L,浸出时间为 30min,液固比为 5∶1,浸出温度为 70℃,搅拌速度为 500r/min 时,锌的浸出率可达到 84.88%。

4.3 常规酸性浸出氧化锌烟尘提锌实验响应曲面优化实验

4.3.1 响应曲面优化实验设计

在上述单因素实验研究的基础上,控制浸出温度、搅拌速度,选取对利用提高锌浸出率影响较大的酸度($X_1/\text{g} \cdot \text{L}^{-1}$)、浸出时间($X_2/\text{min}$)、液固比($X_3/\text{mL} \cdot \text{g}^{-1}$)作为实验的 3 个因素,采用响应曲面法对实验进行优化设计,系统进行实验。

利用中心组合优化设计(CCD)确定影响锌浸出率主要因素的最佳条件,其因素水平编码表见表 4-2。在本实验的响应曲面设计中,控制各因素的变化范围分别为:酸度 120~160g/L、浸出时间 15~45min、液固比 3∶1~7∶1。

表 4-2 响应曲面法因素水平编码

因　　素	水　　平		
	-1	0	1
酸度 $X_1/\text{g} \cdot \text{L}^{-1}$	120	140	160
时间 X_2/min	15	30	45
液固比 $X_3/\text{mL} \cdot \text{g}^{-1}$	3∶1	5∶1	7∶1

采用 CCD 设计的系统优化实验方案共计 20 组,其中有中心点重复试验 6

组，考察的响应值为常规酸性浸出锌浸出率（Y），实验设计方案和实验结果见表 4-3。

表 4-3　常规酸性浸出氧化锌烟尘中心组合设计方案与实验结果

序　号	影　响　因　素			锌浸出率/%
	酸度 $X_1/\text{g} \cdot \text{L}^{-1}$	浸出时间 X_2/min	液固比 $X_3/\text{mL} \cdot \text{g}^{-1}$	
1	120.00	15.00	3.00	55.12
2	160.00	15.00	3.00	71.42
3	120.00	45.00	3.00	55.18
4	160.00	45.00	3.00	74.06
5	120.00	15.00	7.00	79.34
6	160.00	15.00	7.00	83.39
7	120.00	45.00	7.00	85.72
8	160.00	45.00	7.00	81.88
9	106.36	30.00	5.00	74.38
10	173.64	30.00	5.00	85.92
11	140.00	4.77	5.00	77.89
12	140.00	55.23	5.00	85.92
13	140.00	30.00	1.64	33.79
14	140.00	30.00	8.36	87.84
15	140.00	30.00	5.00	85.71
16	140.00	30.00	5.00	85.71
17	140.00	30.00	5.00	85.71
18	140.00	30.00	5.00	85.71
19	140.00	30.00	5.00	85.71
20	140.00	30.00	5.00	85.71

注：考虑到实验的可操作性，在实际浸出实验中，实验 9 和实验 10 的真实酸度分别设定为 106.4g/L 和 173.6g/L，实验 11 和实验 12 的浸出时间分别是 5min 和 55min。

4.3.2　模型精确性分析

在响应曲面优化设计中，模型的精确性验证被认为是数据分析中必不可少的步骤。本实验模型的精确性分析采用美国 STAT-EASE 公司开发的 Design Expert 实验设计软件。以锌浸出率（Y）为因变量，酸度（$X_1/\text{g} \cdot \text{L}^{-1}$）、浸出时间（$X_2/\text{min}$）、液固比（$X_3/\text{mL} \cdot \text{g}^{-1}$）为自变量，通过最小二乘法拟合得到氧化锌烟尘锌浸出率的二次多项回归方程：

$$Y = -216.856 + 2.42X_1 + 1.52X_2 + 33.63X_3 - 5.46 \times 10^{-3}X_1X_2 - 0.085X_1X_3 -$$
$$0.033X_2X_3 - 5.91 \times 10^{-3}X_1^2 - 7.75 \times 10^{-3}X_2^2 - 1.59X_3^2 \qquad (4\text{-}3)$$

通过方差分析可以进一步检验模型的精度，得到多项式方程中所有系数的显著性，从而判定模型的有效性。实验采用的中心组合设计模型为二次方模型，本实验所得模型拟合性分析和回归方程的方差分析见表 4-4 和表 4-5 所示。

表 4-4　响应设计的模型拟合性分析

时序模型的平方和						
来　源	平方和	自由度	均方差	F 值	$P_{\text{rob}} > F$ 值	评估
平均与总和	123600	1	123600			
线性与平均	1482.10	3	494.03	9.98	0.0006	
2FI 模型与线性	121.82	3	40.61	0.79	0.5222	
二次方与 2FI 模型	642.03	3	214.01	74.99	<0.0001	建议的
三次方与二次方	17.17	4	4.29	2.26	0.1774	走样的
残差	11.37	6	1.90			
总和	125900	20	6294.12			

失 拟 检 验					
来　源	平方和	自由度	均方差	F 值	p 值
线性型	792.39	11	72.04		
2FI 模型	670.57	8	83.82		
二次方型	28.54	5	5.71		
三次方型	11.37	1	11.37		
纯误差	0.000	5	0.000		

模型概率统计					
来　源	标　准		校正 R^2	预测 R^2	预测残差平方和	评估
	偏差	R^2				
线性型	7.04	0.6516	0.5863	0.4549	1239.74	
2FI 模型	7.18	0.7052	0.5691	0.1795	1866.19	
二次方型	1.69	0.9875	0.9762	0.9034	219.81	建议的
三次方型	1.38	0.9950	0.9842	-0.1021	2506.65	走样的

表 4-5　响应面二次模型的方差分析

方差来源	平方和	自由度	均方	F 值	$P_{\text{rob}} > F$ 值
模型	2245.95	9	249.55	87.45	<0.0001
X_1	172.94	1	172.94	60.60	<0.0001

方差来源	平方和	自由度	均方	F 值	$P_{rob} > F$ 值
X_2	45.31	1	45.31	15.88	0.0026
X_3	1263.86	1	1263.86	442.87	<0.0001
$X_1 X_2$	21.48	1	21.48	7.53	0.0207
$X_1 X_3$	92.28	1	92.28	32.33	0.0002
$X_2 X_3$	8.06	1	8.06	2.82	0.1238
X_1^2	80.53	1	80.53	28.22	0.0003
X_2^2	43.81	1	43.81	15.35	0.0029
X_3^2	585.04	1	585.04	205.01	<0.0001
残差	28.54	10	2.85		
失拟项	28.54	5	5.71		
纯差	0.000	5	0.000		
总误差	2274.49	19			

由表 4-5 可知，方程（4-3）模型的决定相关系数（R^2）为 0.9875，说明该模型拟合度高，98.54% 的实验数据均可用该模型进行解释。经过大量的实验与研究表明预测 R^2 与校正 R^2 的差值小于 0.2 则合理，该模型的预测 R^2 与校正 R^2 分别为 $R^2_{预测} = 0.9034$ 和 $R^2_{校正} = 0.9762$，用该模型预测的 R^2 合理并符合校正的 R^2。精密度用来表征信噪比，当精密度值大于 4 时可信，精密度 = 29.832 体现了显著的信噪比强度，也同时说明该模型适用于表征该设计空间。

由表 4-5 可知，模型的 F 值为 87.45，只有 0.01% 的概率会使信噪比发生错误，模型的 $P_{rob} > F$ 值为 0.0001，表明建立的回归模型精度很高，模拟效果显著。如果变量的 $P_{rob} > F$ 值小于 0.05，说明此变量对响应值有显著影响，由此可知影响因素中，因素 X_1、X_2、X_3、$X_2 X_3$ 及 X_1^2、X_2^2、X_3^2 对锌浸出率都有明显的影响，而交互作用因素 $X_1 X_2$、$X_1 X_3$ 的影响不显著。经过实验方差分析可知，该模型和实验数据具有较好的拟合度，能够精确预测氧化锌烟尘锌的浸出率。根据 MYERS 的理论，如果模型拟合效果显著，相关系数要达到 0.8 以上，本实验的 $R^2 = 0.9875$、$R^2_{校正} = 0.9762$ 和 $R^2_{预测} = 0.9034$ 均明显大于 0.8，所以本实验模型拟合效果明显。

分析结果表明在实验研究范围内上述模型可以对锌浸出率进行较精确的预测。图 4-8 所示为氧化锌烟尘锌浸出率预测值和实验值的关系，从图中可以看出，获得的预测值较接近实验值，表明二次多项式模型适合描述实验因素与氧化锌烟尘锌浸出率的相关性。参数之间的实际关系能够被本实验所选的模型准确表明，即该模型对本实验是合理的。

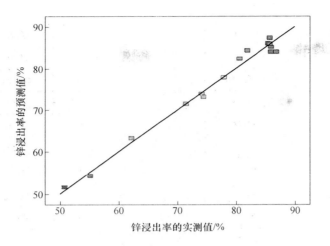

图 4-8　锌浸出率实验值与预测值对比

　　图 4-9 所示为氧化锌烟尘锌浸出率的残差正态概率图，纵坐标中正态概率的划分代表残差的正态分布情况，由图可知，残差沿直线分布，表明实验残差分布在常态范围内；横坐标的残差代表实际的响应值与模型的预测值之间的差值，残差集中分布于中间，且实际分布点几乎呈中心对称，表明模型的精确性良好。

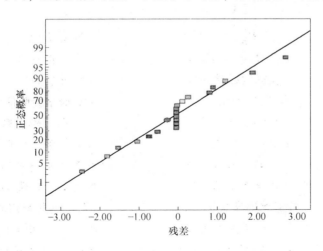

图 4-9　锌浸出率残差正态概率图

4.3.3　响应面分析

　　响应面分析是建立在方差和回归分析的基础上，通过将回归系数进行统计学计算建立回归模型的二维、三维响应曲面，考察各因素对常规酸性浸出氧化锌烟尘锌浸出率的影响规律。根据优化的二次模型，得到酸度（X_1/g·L^{-1}）、浸出时间（X_2/min）、液固比（X_3/mL·g^{-1}）及其相互作用对锌浸出率的影响的响应曲面，如图 4-10 所示。

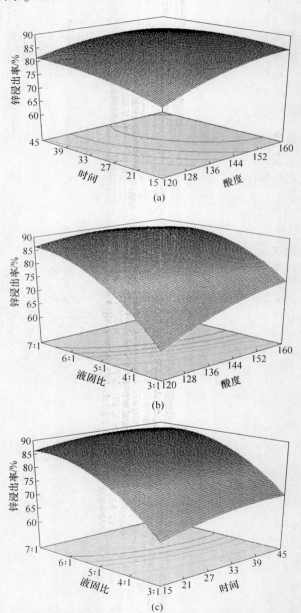

图 4-10　酸度、浸出时间、液固比及其交互作用对锌浸出率影响的响应曲面

（a）酸度、浸出时间及其交互作用对锌浸出率（%）的影响；（b）酸度、液固比及其交互作用对锌浸出率的影响；

（c）浸出时间、液固比及其交互作用对锌浸出率的影响酸度和浸出时间作为自变量函数，对因变量氧化锌烟尘锌浸出率影响的响应曲面和等高线如图 4-10（a）所示。从图可以看出，酸度和锌的浸出率呈正比，浸出时间也和锌的浸出率呈正比。酸度和液固比及其交互作用对锌浸出率影响的响应曲面如图 4-10（b）所示，影响因子酸度和液固比的增加对锌的浸出率的影响也呈正比，随着影响因子的增加，锌的浸出率也升高。从图 4-10（c）可以看到随着液固比的提高，锌的浸出率相应增加，浸出时间对锌的浸出率的影响与此相同，整体而言，初始酸浓度和液固比对锌浸出率的影响更为显著。

4.3.4 条件优化及验证

通过响应曲面软件的预测功能，在实验研究参数范围内，对硫酸初始浓度、浸出时间和液固比进行了优化设计，并根据优化实验的结果进行验证实验，将得到的实验值与预测值对比，常规酸性浸出氧化锌烟尘响应曲面的优化条件及其模型验证结果见表 4-6。

表 4-6　回归模型优化工艺参数

搅拌速度 /r · min^{-1}	浸出温度 /℃	酸度 /g · L^{-1}	浸出时间 /min	液固比 /mL · g^{-1}	锌浸出率/%	
					预测值	实验值
500	70	140	30	5 : 1	85.77	84.35

为了检验响应曲面法优化的可靠性，采用优化后的工艺参数进行实验，此条件下两次平行实验得到锌浸出率结果为 84.35%，实验的相对误差为 1.68%，与预测值的偏差较小，由此说明采用响应曲面法优化常规酸性浸出氧化锌烟尘提锌的工艺参数是可靠的。

5　锌冶金渣尘氨法回收锌新工艺

难处理含锌冶金渣尘非传统锌资源与难处理锌矿产资源有类似性，碱性脉石成分高、多金属相伴生，锌主要以氧化锌、锌铁尖晶石、硅酸锌和硫化锌的形式存在，另外氟氯含量较高（氯最高达 12%，氟最高达 2%），与锌矿产资源一样，采用现有酸浸处理技术和工艺处理这类含锌冶金渣尘，浸出液氟氯含量高，且为回收这些非传统资源中的锌，必须采用更高的酸度，将导致大量的硫酸铁及硅酸溶解进入浸出液，极易形成硅胶，危害工艺流程，使后续净化除杂过程复杂化，资源利用率低。

本章针对上述难处理锌矿产资源，以典型的钢铁冶炼高炉瓦斯灰及难处理复杂含锌渣尘混合物料作为研究对象，进行氨性体系提锌新工艺研究，适用于高碱性脉石型氧化矿等难处理资源。

5.1　ZnO 在氨性溶液中溶解的化学原理分析

5.1.1　Zn-NH$_3$-H$_2$O 体系

德国学者 Bode 对 Zn^{2+}-NH$_3$-H$_2$O 体系进行了详细研究，同时方景礼在电镀锌配合物相关研究中也指出，当 pH 值在 8~12 时，有 10 种配离子存在溶液中，其组成及稳定常数见表 5-1，同时给出了 10 种配离子的百分量随 pH 值的变化如图 5-1 所示。

表 5-1　Zn^{2+}-NH$_3$-H$_2$O 体系中配离子的组成及稳定常数

序号	配离子	lgβ_{ij}	序号	配离子	lgβ_{ij}
1	$[Zn(NH_3)_4]^{2+}$	9.46	6	$[Zn(NH_3)_3(OH)]^+$	12.0
2	$[Zn(NH_3)_3]^{2+}$	7.31	7	$[Zn(NH_3)(OH)_2]$	13.0
3	$[Zn(NH_3)_2]^{2+}$	4.81	8	$[Zn(NH_3)_2(OH)_2]$	13.60
4	$[Zn(NH_3)(OH)]^+$	9.23	9	$[Zn(NH_3)(OH)_3]^-$	约 14.51
5	$[Zn(NH_3)_2(OH)]^+$	10.80	10	$[Zn(OH)_3]^-$	13.58

由图 5-1 的曲线可知，pH 值在 8~9 时，锌主要以锌氨配离子形式存在；pH

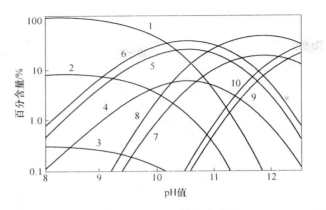

图 5-1 各种锌配离子的百分含量随 pH 值变化曲线 （0.1mol NH$_3$溶液）

1—[Zn(NH$_3$)$_4$]$^{2+}$；2—[Zn(NH$_3$)$_3$]$^{2+}$；3—[Zn(NH$_3$)$_2$]$^{2+}$；

4—[Zn(NH$_3$)(OH)]$^+$；5—[Zn(NH$_3$)$_2$(OH)]$^+$；6—[Zn(NH$_3$)$_3$(OH)]$^+$；

7—[Zn(NH$_3$)(OH)$_2$]；8—[Zn(NH$_3$)$_2$(OH)$_2$]；

9—[Zn(NH$_3$)(OH)$_3$]$^-$；10—[Zn(OH)$_3$]$^-$

值在 9~10 时，溶液中 Zn^{2+}、NH$_3$ 和 OH$^-$可组成锌氨配离子以及混合配体配离子；pH 值在 10~11 时，锌主要以 [Zn(NH$_3$)$_2$(OH)]$^+$、[Zn(NH$_3$)$_3$(OH)]$^+$ 配离子的形式存在；pH 值大于 12 时，锌配离子的主要存在形式是 [Zn(NH$_3$)(OH)$_3$]$^-$和[Zn(OH)$_3$]$^-$。

另外，矿物在浸出过程中，优先溶解组分、各组分稳定存在范围、反应的平衡条件以及条件变化时平衡移动的方向和限度，是浸出过程需要研究的热力学问题。而研究金属-水溶液体系的热力学平衡，最直观的办法就是根据各体系的特点，绘制反应体系的优势区图。在 Zn^{2+}-NH$_3$-H$_2$O 体系中，不仅涉及锌的氧化还原反应，同时还需考虑锌离子与氨的配合反应，根据溶液中锌离子与配体氨之间的平衡关系可绘制出 Zn^{2+}-NH$_3$-H$_2$O 体系的 φ-pH 图，如图 5-2 所示。从图 5-2 可看出当 pH 值分别为 6.4~7.8 和 10.8~13.4 时，存在 2 个 Zn(OH)$_2$ 的沉淀区域；pH 值处于 8~11 时，Zn-[Zn(NH$_3$)$_4$]$^{2+}$ 相界面分界线为凹线，说明锌在氨存在的溶液中更容易溶解，[Zn(NH$_3$)$_4$]$^{2+}$ 为优势组元。

同时根据 Zn^{2+}-NH$_3$-H$_2$O 体系中锌的溶解平衡关系及配位反应相关热力学数据，采用 HYDRA/MEDUSA 化学平衡制图软件绘制了 Zn^{2+}-NH$_3$-H$_2$O 体系中锌物种和配位剂的分布，如图 5-3 所示。从图 5-3 可以看出，Zn^{2+}-NH$_3$-H$_2$O 体系下，当 pH 值在 8~11 时，Zn^{2+} 和配位剂 NH$_3$ 主要以 [Zn(NH$_3$)$_4$]$^{2+}$ 四配体的形式存在，其结论与 φ-pH 图分析结果一致。

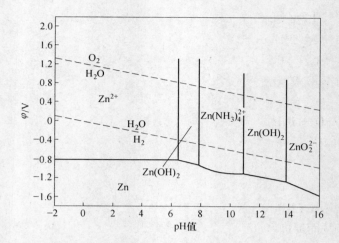

图 5-2　Zn^{2+}-NH_3-H_2O 体系的 φ-pH 图（25℃，$\alpha_{Zn2+}=0.01$，$\alpha_{[NH_3]T}=1$）

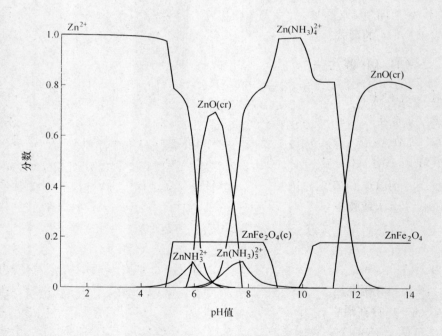

图 5-3　溶液中含锌组元分布

5.1.2　Zn-NH_3-NH_4Cl-H_2O 体系

在 Zn-NH_3-NH_4Cl-H_2O 体系，同时存在 4 种氨配合锌离子：$[Zn(NH_3)]^{2+}$、

$[Zn(NH_3)_2]^{2+}$、$[Zn(NH_3)_3]^{2+}$、$[Zn(NH_3)_4]^{2+}$；4 种羟基配合离子：$Zn(OH)^+$、$Zn(OH)_2$、$Zn(OH)_3^-$、$Zn(OH)_4^{2-}$；4 种氯配合锌离子：$ZnCl^+$、$ZnCl_2$、$ZnCl_3^-$、$ZnCl_4^{2-}$；以及 $NH_3(aq)$、NH_4^+、H^+、OH^-、Zn^{2+}、Cl^-、$HZnO_2^-$、ZnO_2^{2-} 等 20 多种物种，针对 ZnO 矿物，ZnO 在 NH_3-NH_4Cl-H_2O 体系的溶解机理可用方程式(5-1)、式 (5-2)、式 (5-3)，及式 (5-4) 表示：

$$ZnO + iNH_4^+ = [Zn(NH_3)_i]^{2+} + H_2O + (i-2)H^+ \qquad (5-1)$$

$$ZnO + iNH_3 + H_2O = Zn(NH_3)_i^{2+} + 2OH^- \qquad (5-2)$$

$$ZnO + (i-1)H_2O = Zn(OH)_i^{2-i} + (i-2)OH^- \qquad (5-3)$$

$$ZnO + H_2O + iCl^- = ZnCl_i^{2-i} + 2OH^- \qquad (5-4)$$

对于 NH_3-NH_4Cl-H_2O 体系，Cl^- 扮演了一个重要的角色，同时具有络合金属离子的能力，从而促进含锌矿物的溶解。同时，当固定 NH_4Cl 浓度时，随着氨浓度的逐渐增加，$[ZnCl_i^{2-i}]_T$ 浓度及大部分的氨配合物 $[Zn(NH_3)]^{2+}$、$[Zn(NH_3)_2]^{2+}$、$[Zn(NH_3)_3]^{2+}$ 的浓度会急剧降低，锌羟基配合物浓度较低且几乎不变，而 $[Zn(NH_3)_4]^{2+}$ 的浓度增加，说明氨浓度较高时，锌以 $[Zn(NH_3)_4]^{2+}$ 的形式存在，氨浓度较低时，锌以 $ZnCl_i^{2-i}$ 配合物的形式存在。

5.1.3 Zn-NH₃-硫(碳)铵-H₂O 体系

对 NH_3-$(NH_4)_2SO_4$-H_2O 体系、NH_3-$(NH_4)_2CO_3$-H_2O 体系，主要存在 4 种锌-氨配合离子、4 种羟基配合物以及 $NH_3(aq)$、NH_4^+、H^+、OH^-、Zn^{2+}、$HZnO_2^-$、ZnO_2^{2-} 相同的物种，NH_3-$(NH_4)_2SO_4$-H_2O 体系存在单一 SO_4^{2-} 物种，NH_3-$(NH_4)_2CO_3$-H_2O 体系存在 $ZnHCO_2^+$、$(NH_4)_2CO_{3(aq)}$、$NH_4HCO_{3(aq)}$、$H_2CO_{3(aq)}$、HCO_3^-、CO_3^{2-} 等物种，但均不具单独络合金属离子能力，两个体系中每种锌配合离子或物种与 ZnO 的平衡式如式 (5-1) ~式 (5-3) 所示。

5.1.4 Zn-NH₃-羧铵-H₂O 体系

对于 NH_3-$(NH_4)_3AC$-H_2O 体系、NH_3-CH_3COONH_4-H_2O 体系中，浸出剂添加了羧酸盐，有研究显示尽管羧酸被认为是"弱酸"，但相对稳定的羧酸根阴离子（$RCOO^-$）存在潜在提取金属的能力（见方程式 (5-5)）。Julian M. Steer 研究了丙二酸（$HOOC—CH_2—COOH$）、丙烯酸（$CH_2=CH—COOH$）、柠檬酸（三羧基有机酸）、乙酸（$H_3C—COOH$）、草酸（$HOOC—COOH$）、苯甲酸（$C_6H_5—COOH$）对高炉瓦斯泥中锌和铁浸出率的影响，该原料锌主要以 ZnO 的形式存在，铁主要以 FeO、Fe_2O_3、Fe_3O_4 的形式存在，如反应式 (5-6) 为锌金属氧化物与羧酸阴离子的反应。

$$RCOOH + H_2O \longrightarrow RCOO^- + H_3O^+ \qquad (5-5)$$

$$2RCOO^- + ZnO \xrightleftharpoons[]{(H_3O^+)} (RCOO)_2Zn + H_2O \tag{5-6}$$

式中，R 为取代基。

　　同时有研究认为，在铵盐体系下，由于 NH_3 与 H^+ 的键合趋势大，溶液中自由 NH_3 的浓度小，因此，绝大部分以 NH_4^+ 的形式存在，这也说明在 NH_3-$(NH_4)_2SO_4$-H_2O 体系、NH_3-$(NH_4)_2CO_3$-H_2O 体系下，对于含锌矿物的浸出过程，相同浓度的氨和铵盐浸出剂浸出锌矿物时，采用纯铵盐作为浸出剂锌浸出效率相对纯氨水高。

　　因此，基于以上的分析发现采用氨法浸出锌在热力学上是可行的，进一步研究 Zn-NH_3-羧铵-H_2O 体系配位羧酸根阴离子（$RCOO^-$）及铵根离子（NH_4^+）对含锌矿物锌浸出效果的影响，对开发氧化锌资源的高效利用新技术有重要意义。

5.2　氨-铵盐-水体系浸出高炉瓦斯灰工艺研究

5.2.1　高炉瓦斯灰锌原料

　　实验所用的高炉瓦斯灰来自于国内某钢铁冶炼企业，其主要化学成分分析结果见表 5-2，同时进行 XRD、SEM-EDS（面扫描）分析，结果如图 5-4~图 5-6 所示。另外，将 2kg 的样品进行过筛分级，然后对 8 个不同粒径的样品分别进行锌化学元素分析及 XRF 荧光光谱分析，结果见表 5-3。分析结果表明，除 $-109\mu m$ 粒度外，其他粒度中各种成分含量相差不大，$-109\mu m$ 颗粒中锌含量相对较高，达 7.28%，其他粒径的锌含量均在 4% 左右。

表 5-2　高炉瓦斯灰中主要元素含量分析

元素	O	C	Fe	Zn	Si	Ca	Al	Pb	S	Mg
质量分数/%	34.66	29.00	25.10	4.23	2.16	1.38	1.30	0.48	0.46	0.25

表 5-3　高炉瓦斯灰不同粒级下锌元素含量及比重分析

粒径/μm	原料	+380	380~250	250~180	180~150	150~120	120~109	-109
质量分数/%	100	5.55	16.97	12.42	18.93	11.59	12.72	21.83
Zn/%	4.23	4.0	4.15	4.26	4.12	3.98	4.50	7.28

　　图 5-4 所示为高炉瓦斯灰样品的 XRD 图，图中显示锌主要以氧化锌形式存在，而铁酸锌的衍射峰较弱，铁主要以氧化物（FeO、Fe_2O_3、Fe_3O_4）形式存在，另外，高炉瓦斯灰中碱性脉石含量较高，主要为 SiO_2、$MgSO_4$、$CaMgSiO_4$。

　　图 5-5 所示为高炉瓦斯灰的 SEM-EDS 图谱。由图 5-5（a）可以看出，高炉瓦斯灰主要以三类颗粒形式存在：亮灰色颗粒、暗灰色颗粒及黑色颗粒。同时进行了面扫描分析，结果表明，样品中存在铁颗粒，如图 5-6（a）中点 2 所示。而

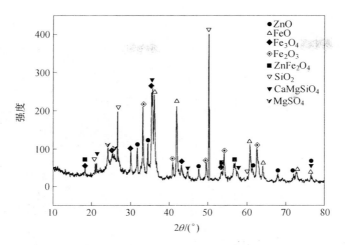

图 5-4 高炉瓦斯灰样品 XRD 图谱

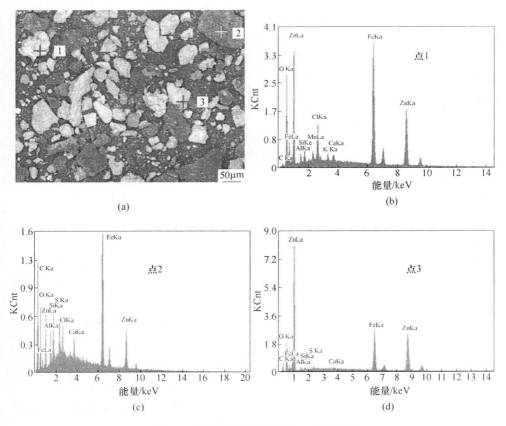

图 5-5 高炉瓦斯灰样品 SEM-EDS 图谱

图 5-6　高炉瓦斯灰样品 SEM-EDS 面扫描图谱

锌在三类形态颗粒中均有分布，在亮灰色及暗灰色颗粒中主要与 Fe、O 共存，在暗灰色颗粒中主要与碱性脉石元素 Si、Ca、Mg 共存，说明高炉瓦斯灰经过高温处理后产物的矿物形貌以及物质存在的形态、矿物表面性质与原生矿截然不同，颗粒态的矿物经过高温熔融在一起，锌极易与其他有价金属元素、脉石成分形成包裹态，从而使得锌在常规处理方式下的浸出率降低。

　　图 5-7 所示为实验样品的激光粒度分布图。结果表明，其粒度分布区间为 3~460μm，其中 D_3 为 7.088μm，D_{50} 为 49.72μm，D_{90} 为 179.62μm，D_{98} 为 347.22μm，体积平均粒径 D 为 72.763μm，面积平均粒径 D 为 31.013μm，表面积与体积比为 1.141m²/cm³，高炉瓦斯灰的粒度分布较宽。

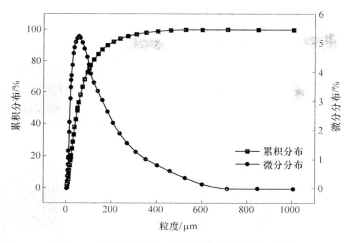

图 5-7　高炉瓦斯灰实验样品激光粒度分析结果

5.2.2　铵盐种类对高炉瓦斯灰锌浸出率的影响

以高炉瓦斯灰为实验原料，考察 NH_3-NH_4Cl-H_2O 体系、NH_3-$(NH_4)_2SO_4$-H_2O 体系、NH_3-$(NH_4)_2CO_3$-H_2O 体系、NH_3-$(NH_4)_3AC$-H_2O 体系、NH_3-CH_3COONH_4-H_2O 体系、NH_3-H_2O 体系对锌浸出率的影响。浸出条件：温度为 35℃，总氨浓度为 5mol/L，$[NH_3]/[NH_4]^+$ 摩尔比为 1：1，搅拌速度为 350r/min，S/L 比为 1：3，浸出时间为 150min。不同铵盐体系浸出剂的浓度配比见表 5-4，不同铵盐体系对高炉瓦斯灰锌浸出率的影响如图 5-8 所示。

由图 5-8 可知，不同铵盐体系对高炉瓦斯灰的锌浸出率有显著影响，整体来看，在 0~60min 随着浸出时间的延长锌浸出率显著提高，60min 过后趋于平缓，60min 时锌的浸出率在 31.92%~80.21%，采用 NH_3-NH_4Cl-H_2O 体系浸出高炉瓦斯灰的提锌效果较其他体系明显，在固定浸出条件下各配位浸出剂对锌浸出效果为：$NH_4Cl > (NH_4)_2SO_4 > (NH_4)_2CO_3 > (NH_4)_3AC > CH_3COONH_4 > NH_3 \cdot H_2O$。

表 5-4　不同铵盐体系浸出剂的浓度配比

编　号	浸　出　剂	浓度/mol · L⁻¹
1	$NH_4Cl + NH_3 \cdot H_2O$	2.5+2.5
2	$(NH_4)_2SO_4 + NH_3 \cdot H_2O$	2.5/2 + 2.5
3	$(NH_4)_2CO_3 + NH_3 \cdot H_2O$	2.5/2 + 2.5
4	$(NH_4)_3AC + NH_3 \cdot H_2O$	2.5/3 + 2.5
5	$NH_3 \cdot H_2O$	5
6	$CH_3COONH_4 + NH_3 \cdot H_2O$	2.5 + 2.5

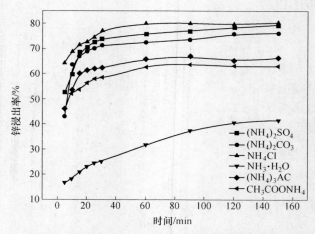

图 5-8　不同铵盐体系对高炉瓦斯灰锌浸出率的影响

　　图 5-9 所示为高炉瓦斯灰在不同浸出体系下浸出 150min 浸出渣的 XRD 图，在 NH₃-NH₄Cl-H₂O、NH₃-(NH₄)₂SO₄-H₂O 体系中浸出 150min 时，浸出渣中的 ZnO 的衍射峰基本消失，而 NH₃-(NH₄)₂CO₃-H₂O、NH₃-(NH₄)₃AC-H₂O、 NH₃-CH₃COONH₄-H₂O、NH₃-H₂O 体系中仍有少量 ZnO 的特征峰，且 NH₃-H₂O 体系 ZnO 的特征峰基本没减弱，这与图 5-9 所示对应体系的锌浸出率偏低是完全吻合的。

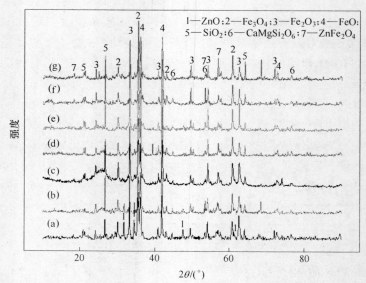

图 5-9　不同铵盐体系中浸出渣的 XRD 图谱

（a）原料；（b）NH₃；（c）CH₃COONH₄；（d）(NH₄)₃AC；（e）(NH₄)₂CO₃；（f）(NH₄)₂SO₄；（g）NH₄Cl

采用 NH_3-NH_4Cl-H_2O 体系浸出高炉瓦斯灰的效果最好，原因在于 Zn 与 $[NH_4]^+$ 在形成 $[Zn(NH_3)_4]^{2+}$ 的同时还能与 Cl^- 形成 $ZnCl_i^{2-i}$ 配合物，且所研究的体系均为缓冲体系，溶液的 pH 值与离子强度变化不大，体系中 Zn 离子与不同配位阴离子的配合能力决定了锌的溶解率。然而，也有研究认为，一方面，针对复杂矿物有价金属杂质成分复杂，采用氯氨体系浸出有价金属锌过程也能络合其他金属离子，从而增加了净化工艺难度；另一方面，引入氯离子进入溶液会造成设备的腐蚀，缩短设备的使用寿命。但从整体的浸出行为来看，采用 NH_3-H_2O 体系浸出高炉瓦斯灰的效果是最差的，同时发现当体系中存在 NH_3 和 $[NH_4]^+$ 时，铵盐的种类对锌的浸出率及浸出过程的速率影响不显著。刘志勇研究了异极矿在氨-铵盐-水体系中的浸出机理，认为 NH_3-$(NH_4)_2SO_4$-H_2O 体系选择性高，溶液中杂质含量少、易于净化处理且可采用多工艺回收锌，浸出液可采用蒸氨及复盐沉淀法回收锌，或者通过萃取得到硫酸锌溶液经传统电积工艺回收锌。另外，对比研究了 NH_3-$(NH_4)_3AC$-H_2O、NH_3-CH_3COONH_4-H_2O 体系浸出高炉瓦斯灰效果，这两个弱酸氨性体系相对 NH_3-NH_4Cl-H_2O、NH_3-$(NH_4)_2SO_4$-H_2O、NH_3-$(NH_4)_2CO_3$-H_2O 体系的锌的浸出率相差不是很大，比较分析，氨浸及碱浸工艺所选配体仅局限在 NH_3、Cl^-、OH^-，一定程度限制了选择性浸出体系发展，因此，对高炉瓦斯灰在 NH_3-$(NH_4)_2SO_4$-H_2O 及 NH_3-CH_3COONH_4-H_2O 体系的浸出进行对比研究，以期为此类矿物的处理提供新的思路及理论基础。

从较大程度看，影响 NH_3-$(NH_4)_2SO_4$-H_2O 及 NH_3-CH_3COONH_4-H_2O 体系锌浸出率的最大因素是浸出剂的不同，因此分别对比研究不同氨铵比条件下 NH_3-$(NH_4)_2SO_4$-H_2O 及 NH_3-CH_3COONH_4-H_2O 体系对锌浸出效果的影响，结果如图 5-10 所示。

图 5-10（a）所示为不同 $[NH_3]/[NH_4]^+$ 摩尔比条件下 NH_3-$(NH_4)_2SO_4$-H_2O 体系对高炉瓦斯灰锌浸出效率的影响，浸出工艺条件为：总氨浓度为 5mol/L，温度为 35℃，搅拌速度为 350r/min，S/L 比为 1：5，浸出时间为 60min。研究结果显示总氨浓度一定时，锌浸出率随着游离 $[NH_3]$ 含量的增加先增大后减小，当 $[NH_3]/[NH_3]_T$ 摩尔比为 0.5 时，锌浸出率达到最大值，为 85.94%，此时 $[NH_3]/[NH_4]^+$ 摩尔比为 1：1，同时还发现，采用氨水溶液或硫酸铵溶液作为浸出剂浸出高炉瓦斯灰，其浸出率相对较低，分别为 35.96% 和 36.87%。

图 5-10（b）所示为不同 $[NH_3]/[NH_4]^+$ 摩尔比条件下 NH_3-CH_3COONH_4-H_2O 体系对高炉瓦斯灰锌浸出效率的影响，浸出工艺条件为：总氨浓度 $[NH_3]_T$ 为 5mol/L，搅拌速度为 300r/min，液固比为 4：1，反应温度为 25℃，浸出时间为 60min。研究结果显示，类似于 NH_3-$(NH_4)_2SO_4$-H_2O 体系锌浸出率随着游离

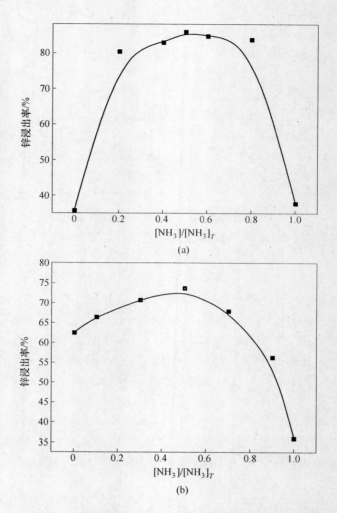

图 5-10　$[NH_3]/[NH_3]_T$ 摩尔比对高炉瓦斯灰锌浸出率的影响

(a) NH_3-$(NH_4)_2SO_4$-H_2O 体系；(b) NH_3-CH_3COONH_4-H_2O 体系

$[NH_3]$ 含量的增加先增大后减小，当 $[NH_3]/[NH_3]_T$ 摩尔比为 0.5 时，锌浸出率达到最大值，说明溶液中同时存在游离 $[NH_3]$ 及 $[NH_4]^+$ 是提高锌浸出率的重要条件，另外采用纯氨水作为浸出剂不利于锌的溶出。然而，不同的是采用纯乙酸铵作为浸出剂时，锌浸出率为 62.53%，锌浸出率显著高于 $(NH_4)_2SO_4$ 作为浸出剂的浸出效果，同时搅拌速度、液固比、反应温度均低于 NH_3-$(NH_4)_2SO_4$-H_2O 体系，总体来说，采用 CH_3COONH_4 作为浸出剂对锌的溶出有积极作用。

5.2.3 高炉瓦斯灰在 NH_3-$(NH_4)_2SO_4$-H_2O 体系浸出工艺研究

5.2.3.1 总氨浓度对锌浸出率的影响

图 5-11 所示为不同总氨浓度（3~7mol/L）对高炉瓦斯灰锌浸出效率的影响，浸出工艺条件为：温度为 35℃，$[NH_3]/[NH_4]^+$ 摩尔比为 1∶1，搅拌速度为 300r/min，固液比为 1∶5，浸出时间为 60min。由图 5-11 锌浸出率随总氨浓度变化曲线可以看出锌浸出率随总氨浓度的增加而增加，总氨浓度较低时，溶液中游离 NH_3 较少，Zn 离子主要形成溶解度较小的低配体化合物，锌浸出率不高；随着总氨浓度增加到 5mol/L 锌浸出率达到 85.94%，总氨浓度的增加促进反应 $ZnO + iNH_4^+ = [Zn(NH_3)_i]^{2+} + H_2O + (i-2)H^+$ 的发生，形成更稳定的锌氨配离子，继续增加总氨浓度对锌浸出率基本没有影响。在此工艺条件下，5mol/L 的总氨浓度对于 NH_3-$(NH_4)_2SO_4$-H_2O 体系浸出高炉瓦斯灰是适合的。

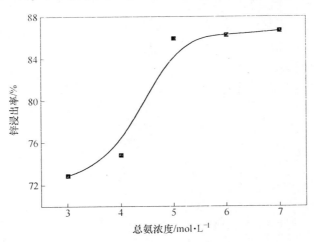

图 5-11 总氨浓度对高炉瓦斯灰锌浸出率的影响

5.2.3.2 氨铵比对锌浸出率的影响

图 5-12 所示为不同 $[NH_3]/[NH_4]^+$ 摩尔比对高炉瓦斯灰锌浸出效率的影响，浸出工艺条件为：温度为 35℃，总氨浓度为 5mol/L，搅拌速度为 350r/min，固液比为 1∶5，浸出时间为 60min。溶液中游离 $[NH_3]$ 及 $[NH_4]^+$ 的含量对锌的溶解反应有重要的影响，为了明确不同 $[NH_3]/[NH_4]^+$ 摩尔比对高炉瓦斯灰锌浸出效率的影响规律，分别考察了 $[NH_3]/[NH_3]_T$ 摩尔比从 0 到 1.0 对锌浸出率的影响。

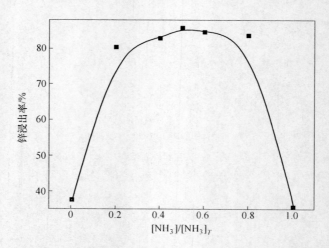

图 5-12 ［NH_3］/［NH_3］$_T$ 摩尔比对高炉瓦斯灰锌浸出率的影响

总氨浓度一定时，锌浸出率随着游离［NH_3］含量的增加先增大后减小，当［NH_3］/［NH_3］$_T$ 摩尔比为 0.5 时，锌浸出率达到最大值，为 85.94%，此时［NH_3］/［NH_4］$^+$ 摩尔比为 1：1；同时还发现，采用氨水溶液或硫酸铵溶液作为浸出剂浸出高炉瓦斯灰，其浸出率相对较低，分别为 35.96% 和 36.87%，结果表明，采用 NH_3-(NH_4)$_2SO_4$-H_2O 体系浸出高炉瓦斯灰，溶液中同时存在游离［NH_3］及［NH_4］$^+$ 是提高锌浸出率的重要条件，且［NH_3］/［NH_4］$^+$ 摩尔比为 1：1 时锌浸出率最高。

5.2.3.3 液固比对锌浸出率的影响

图 5-13 所示为不同液固比（3~7mL/g）对高炉瓦斯灰锌浸出效率的影响，浸出工艺条件为：温度为 35℃，总氨浓度为 5mol/L，搅拌速度为 350r/min，［NH_3］/［NH_4］$^+$ 摩尔比为 1：1，固液比为 1：5，浸出时间为 60min。

从图中可以看出，锌的浸出率随液固比的增大而增大，因为液固比的增加直接增加了单位质量矿物的浸出剂数量，从而促进高炉瓦斯灰的溶解，进而增大锌的浸出率；当液固比超过 5mL/g 时，锌的浸出率变化不明显，因此，后续实验拟定液固比为 5mL/g。

5.2.3.4 搅拌速度对锌浸出率的影响

图 5-14 所示为不同搅拌速度（150~550r/min）对高炉瓦斯灰锌浸出效率的影响，浸出工艺条件为：温度为 35℃，总氨浓度为 5mol/L，液固比为 5：1，［NH_3］/［NH_4］$^+$ 摩尔比为 1：1，浸出时间为 60min。

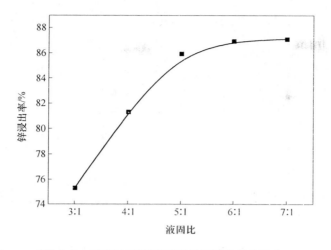

图 5-13　液固比对高炉瓦斯灰锌浸出率的影响

　　从图 5-14 可知，锌浸出率随搅拌速度增大而增大，因为搅拌强度较小时，锌的溶解过程主要受外扩散影响，随着搅拌速率提高搅拌强度增大，加速浸出剂分子或离子的剧烈运动，与矿物碰撞的概率也相应提高，但当搅拌速度超过 350r/min 时，锌浸出率趋于平衡，其浸出剂分子或离子的扩散速率对锌浸出率的影响不显著，表现为矿物表面或矿物内部锌矿物的浸出率速率占主导作用，即表现为固液相间的化学反应控制和矿物内部浸出剂的内扩散控制。综合考虑，为减小外扩散对锌浸出率的影响，后续研究控制搅拌速度为 350r/min。

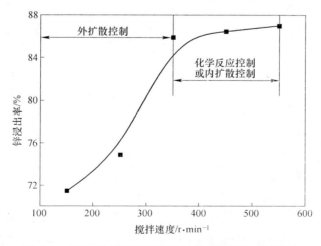

图 5-14　不同搅拌速度对高炉瓦斯灰锌浸出率的影响

5.2.3.5　浸出温度对锌浸出率的影响

图 5-15 所示为不同浸出温度（25~65℃）对高炉瓦斯灰锌浸出效率的影响，浸出工艺条件为：总氨浓度为 5mol/L，液固比为 5∶1，[NH₃]/[NH₄]⁺摩尔比为 1∶1，搅拌速度为 350r/min，浸出时间为 60min。

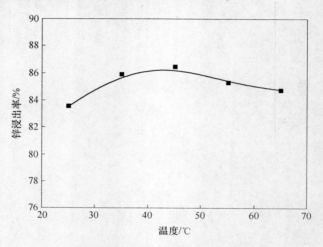

图 5-15　浸出温度对高炉瓦斯灰锌浸出率的影响

从图 5-15 中可以看出，随着温度的升高锌浸出率先增加后减小，当浸出温度为 45℃时锌浸出率达到最大值 86.48%。这可能是因为升高温度仅增加处理分子的运动能量，加速浸出剂分子的运动，提高浸出剂与矿物的有效碰撞概率，从而增加化学反应速率，进而提高锌的浸出效率。但是，随着温度的急剧升高，同时也加速了氨分子的挥发速率，降低了 [NH₃]/[NH₄]⁺摩尔比，这与前面的结论相吻合，[NH₃]/[NH₄]⁺摩尔比的降低使得锌浸出率明显的下降，因此，考虑环境因素及氨的利用率，浸出温度不宜超过 45℃。

综合上述的实验结果，高炉瓦斯灰在 NH_3-$(NH_4)_2SO_4$-H_2O 体系中浸出的较佳工艺条件为：浸出温度 45℃，总氨浓度为 5mol/L，液固比为 5∶1，[NH₃]/[NH₄]⁺摩尔比为 1∶1，搅拌速度为 350r/min，浸出时间为 60min，锌的浸出率达 86.48%。

5.2.4　高炉瓦斯灰在 NH_3-$(NH_4)_2CO_3$-H_2O 体系浸出瓦斯灰工艺研究

5.2.4.1　浸出时间对锌浸出率的影响

控制实验温度在 25℃，转速控制在 300r/min，总氨浓度为 5mol/L，液固比为 4∶1，氨铵比为 1∶1，研究不同浸出时间对锌浸出率的影响，实验研究结果如图 5-16 所示。由图可知在前 30min，随着浸出时间的延长锌浸出效率不断增加；当浸出时间大于 30min 以后，锌浸出率趋于稳定。综合分析考虑，时间控制在 30min 时锌的浸出率比较理想。

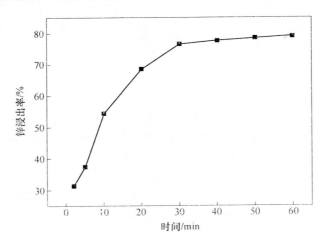

图 5-16　浸出时间对锌浸出率的影响

5.2.4.2　总氨浓度对锌浸出率的影响

控制实验温度在 25℃，控制转速在 300r/min，时间调节为 30min，液固比为 4:1，氨铵比为 1:1，研究不同总氨浓度对锌浸出率的影响，实验研究结果如图 5-17 所示。

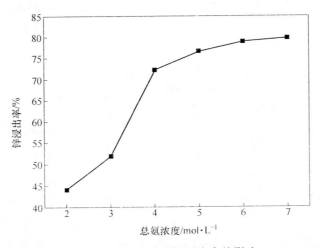

图 5-17　总氨浓度对锌浸出率的影响

由图可知，首先随着总氨浓度的增加，瓦斯灰中锌的浸出率也增大，当达到最大值之后，继续增大总氨浓度，锌的浸出率虽然出现较小波动，但总体趋势基本稳定。这主要因为总氨浓度增加，使溶液中的 NH_3 和 NH_4^+ 增大，也就是配位剂的配体越多、与锌配位能力越强，锌浸出率越高。当溶液中 NH_3 和 NH_4^+ 与锌配位能力接近最大时，后续再提高总氨浓度，对锌的浸出效果提升不明显，其浸出率达到 76.71%，综合考虑，确定总氨浓度以 5mol/L 为宜。

5.2.4.3　氨铵比对锌浸出率的影响

控制实验温度在 25℃，控制转速在 300r/min，时间调节为 30min，液固比为 4:1，总氨浓度为 5mol/L，研究纯氨水、纯铵盐及不同 $[NH_3]/[NH_3]_T$ 比对锌浸出率的影响，实验研究结果如图 5-18 所示。

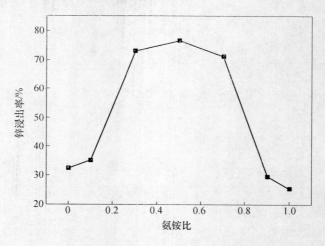

图 5-18　氨铵比对锌浸出率的影响

由图 5-18 可知，锌的浸出率呈现一个倒 U 形状，在 $[NH_3]/[NH_3]_T$ 比为零时（纯碳酸铵），锌的浸出率十分低，锌浸出率为 32.64%；随着 $[NH_3]/[NH_3]_T$ 比逐渐增大，锌的浸出率也增大，在 $[NH_3]/[NH_3]_T$ 比达到 0.5 时（即氨铵比为 1:1），出现一个峰值，此时锌的浸出率达到最高，锌浸出率为 76.71%，因为氨铵比为 1:1 时可以强化 NH_3、NH_4^+ 离子与 Zn^{2+} 离子的配位能力，从而强化锌的浸出，进一步提高锌的浸出率，较其他氨铵比有较强的协同强化作用。之后随着氨铵比继续增大，锌的浸出率逐渐降低，在 $[NH_3]/[NH_3]_T$ 比达到 1 时（纯氨水），锌的浸出率达到最低，锌浸出率为 25.55%。综上分析可知氨铵比在 1:1 时，锌的浸出率达到最理想状态。

5.2.4.4　转速对锌浸出率的影响

控制实验温度在 25℃，总氨浓度配制为 5mol/L，时间为 30min，液固比为 4 : 1，氨铵比为 1 : 1，研究不同转速对锌浸出率的影响，实验研究结果如图 5-19 所示。

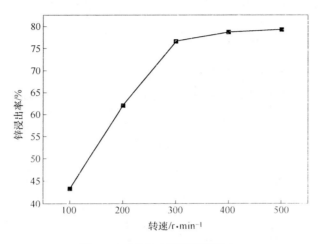

图 5-19　转速对锌浸出率影响

由图 5-19 可以知道，锌的浸出率随转速的增加呈不断上升的趋势。随搅拌速度从 100r/min 增至 300r/min，锌浸出率迅速提高；搅拌速度大于 300r/min 后，锌浸出率提高不明显。搅拌速度增大可加速溶剂分子及瓦斯灰颗粒的扩散运动，增加二者之间的接触概率，有利于反应进行。综合考虑，确定搅拌速度以 300r/min 为宜。

5.2.4.5　液固比对锌浸出率的影响

控制实验温度在 25℃，总氨浓度配制为 5mol/L，时间调节为 30min，转速为 300r/min，氨铵比为 1 : 1，研究不同液固比对锌浸出率的影响，实验研究结果如图 5-20 所示。

从图 5-20 中可以看出，随着液固比的增加锌浸出率先快速增加后趋于稳定，这是由于液固比不断提高导致溶液中的 NH_3、NH_4^+ 不断增大，液体增加导致固态物料与浸出剂的接触概率增大，从而导致锌的浸出率不断增大。在液固比达到 4 : 1 时，锌与浸出剂的反应达到饱和，从而再继续增加 NH_3 和 NH_4^+ 锌的浸出率也不会再有很大的波动。综上可知液固比在 4 : 1 范围内锌浸出率最为理想。

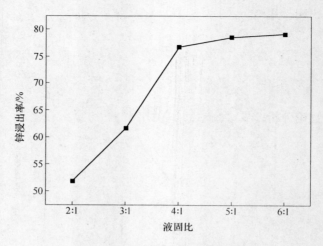

图 5-20　液固比对锌浸出率的影响

5.2.4.6　温度对锌浸出率的影响

控制实验转速为 300r/min，总氨浓度配制为 5mol/L，时间调节为 30min，液固比为 4∶1，氨铵比为 1∶1，研究不同浸出温度对锌浸出率的影响，研究结果如图 5-21 所示。

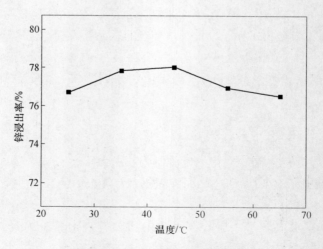

图 5-21　温度对锌浸出率的影响

温度对锌浸出率的影响如图 5-21 所示，整体上看，改变浸出实验温度对锌浸出率基本没有影响，锌浸出率在 77% 左右波动，因此，实验在常温条件下进行即可。

试验结果表明，用 NH_3-$(NH_4)_2CO_3$-H_2O 体系从瓦斯灰中浸出锌是可行的，控制总氨浓度为 5mol/L，氨/铵比为 1:1，转速为 300r/min，液固比为 4:1，浸出时间为 30min，温度为 25℃，锌浸出率可达到 76.71%。

5.2.5 高炉瓦斯灰在 NH_3-CH_3COONH_4-H_2O 体系浸出工艺研究

根据前期理论分析及实验探索，以高炉瓦斯灰为原料，在 NH_3-CH_3COONH_4-H_2O 体系中进行高炉瓦斯灰浸出实验研究，详细考察粒度、浸出时间、总氨浓度等因素对锌浸出率的影响，并进行高炉瓦斯灰浸出动力学分析。

5.2.5.1 粒度对锌浸出率的影响

控制总氨浓度为 6mol/L，液固比为 4:1，搅拌转速为 300r/min，$[NH_3]/[NH_4]^+$ 摩尔比为 1:1，反应温度为 25℃，浸出时间为 150min，考察不同粒度高炉瓦斯灰对锌浸出率的影响，结果如图 5-22、图 5-23 所示。

图 5-22 所示为不同粒度高炉瓦斯灰锌浸出率随时间的变化曲线。研究结果显示，不同颗粒的高炉瓦斯灰锌浸出速率基本一致，细小的颗粒能促进锌的提取，浸出 60min 后，$-109\mu m$ 的锌浸出率为 79.23%；而采用未筛分的原料进行浸出，锌浸出率为 73.19%。$+380\mu m$ 的锌浸出率较低，为 46.75%，这是因为 $+380\mu m$ 的高炉瓦斯灰杂质含量高，影响浸出效果。而细小颗粒尺寸锌浸出率高是因为颗粒越细与浸出剂接触的矿物表面活性点越多，导致锌浸出率高，综合考虑，为了最大限度回收锌资源，后续的实验采用未筛分的高炉瓦斯灰作为研究其他单因素的实验原料。

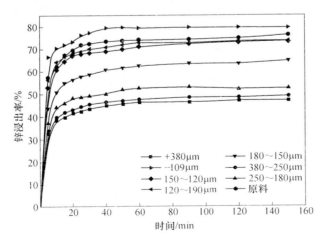

图 5-22 不同浸出时间矿物粒度对锌浸出率的影响

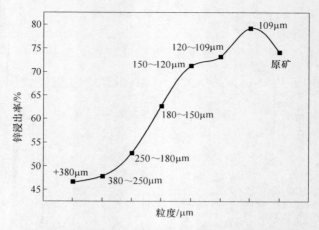

图 5-23　矿物粒度对锌浸出率的影响（浸出 60min）

5.2.5.2　转速对锌浸出率的影响

控制总氨浓度为 6mol/L，液固比为 4 : 1，[NH$_3$]/[NH$_4$]$^+$ 摩尔比为 1 : 1，反应温度为 25℃，浸出时间为 150min，研究不同搅拌速度对高炉瓦斯灰锌浸出率的影响，结果如图 5-24、图 5-25 所示。

由图 5-24、图 5-25 可知，随着搅拌速度增加锌浸出率增加，搅拌速度较低时锌浸出率相对较低且提高不明显；搅拌速度从 250r/min 升高到 300r/min 锌浸出率显著提高，在 300r/min 范围内可认为浸出速率受外扩散影响，增加搅拌强度可加速浸出剂分子运动以提高锌浸出速率；当搅拌速度高于 300r/min 锌浸出率增加缓慢，趋于平衡。在后续的实验中控制搅拌速度为 300r/min。

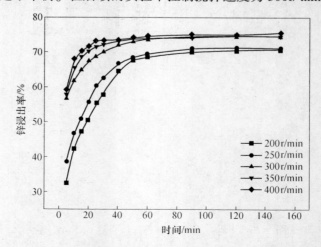

图 5-24　在不同浸出时间下搅拌转速对锌提取的影响

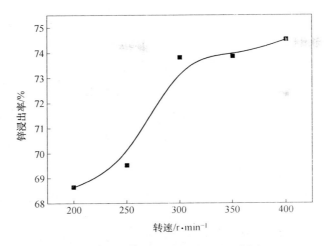

图 5-25 不同搅拌转速对锌提取的影响（浸出 60min）

5.2.5.3 总氨浓度对锌浸出率的影响

固定搅拌速度为 300r/min，液固比为 4∶1，$[NH_3]/[NH_4]^+$ 摩尔比为 1∶1，反应温度为 25℃，浸出时间为 150min，研究不同总氨浓度 $[NH_3]_T$ 对高炉瓦斯灰对锌浸出率的影响，结果如图 5-26、图 5-27 所示。

图 5-26 所示为不同总氨浓度 $[NH_3]_T$ 对高炉瓦斯灰锌浸出率随时间的变化曲线，图 5-27 所示为浸出 60min 时不同总氨浓度对锌浸出率的影响。从图中可以看出，总氨浓度对锌浸出率的影响显著，随着总氨浓度的增加锌浸出率不断增

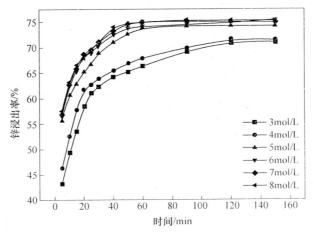

图 5-26 不同浸出时间总氨浓度对锌提取的影响

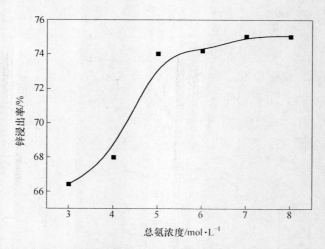

图 5-27　不同总氨浓度对锌提取的影响（浸出 60min）

加，当总氨浓度较低时，前 30min 的浸出速率明显高于后 120min，且锌浸出率达到平衡的时间为 120min；随着总氨浓度的增加，锌浸出率达到平衡的时间缩短，浸出 60min 基本达到平衡。另外当总氨浓度高于 5mol/L 时，总氨浓度的变化对锌浸出率影响不大。因此，后续的实验总氨浓度控制在 5mol/L 为宜。

　　另外，为了研究总氨浓度对锌浸出效果的影响，对不同总氨浓度浸出高炉瓦斯灰的浸出液进行 FT-IR 分析，结果如图 5-28 所示。

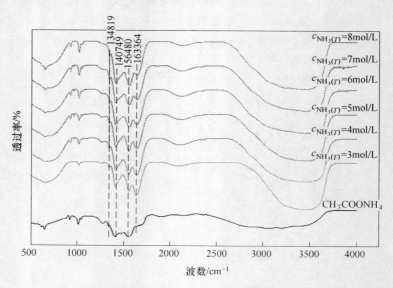

图 5-28　不同总氨浓度浸出高炉瓦斯灰浸出液的 FT-IR 图

研究发现，在1407.49cm^{-1}及1554.80cm^{-1}处羧基阴离子特征峰随着总氨浓度的增加明显增强，在1633.64cm^{-1}处羧基阴离子特征峰随着总氨浓度增加逐渐减弱，在1348.19cm^{-1}处出现了羧酸盐振动峰，且随总氨浓度的增加羧酸盐振动特征峰明显增强，说明总氨浓度的增加可强化羧基阴离子的配合能力。

5.2.5.4 氨铵比对锌浸出率的影响

固定总氨浓度$c_{NH_3(T)}$为5mol/L，搅拌速度为300r/min，液固比为4：1，反应温度为25℃，浸出时间为150min，研究不同$c_{NH_3}/c_{NH_3(T)}$摩尔比对高炉瓦斯灰对锌浸出率的影响，结果如图5-29、图5-30所示。

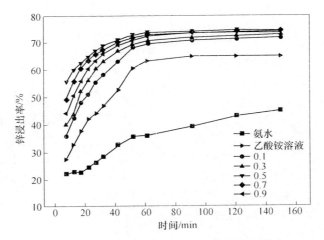

图 5-29 不同浸出时间氨铵比对锌提取的影响

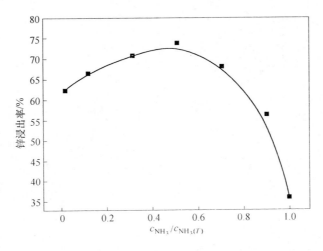

图 5-30 不同氨铵比对锌提取的影响（浸出60min）

由图 5-29、图 5-30 可以看出，锌的浸出率随 $[NH_3]$ 含量的增加先增大后减小，但低含量的 $[NH_3]$ 对锌浸出率影响不显著，高含量的 $[NH_3]$ 能降低锌的浸出率。采用氨水溶液作为浸出剂浸出高炉瓦斯灰，浸出 60min 锌浸出率为 35.96%；而采用 CH_3COONH_4 溶液作为浸出剂浸出高炉瓦斯灰，浸出 60min 锌浸出率为 62.53%。当 $[NH_3]/[NH_3]_T$ 摩尔比为 0.5 时，锌浸出率最高（73.87%）。另外对比 NH_3-$(NH_4)_2SO_4$-H_2O 体系浸出高炉瓦斯灰的研究发现，在 NH_3-$(NH_4)_2SO_4$-H_2O 体系中采用硫酸铵溶液作为浸出剂浸出高炉瓦斯灰，其浸出率相对较低，为 36.87%，较 CH_3COONH_4 溶液浸出高炉瓦斯灰锌的浸出率低，表明在 NH_3-CH_3COONH_4-H_2O 体系中羧酸根阴离子对锌浸出率的提高有显著的积极作用。

5.2.5.5　液固比对锌浸出率的影响

图 5-31、图 5-32 所示为不同液固比（3~7mL/g）对高炉瓦斯灰锌浸出效率的影响，浸出工艺条件为：总氨浓度 $[NH_3]_T$ 为 5mol/L，搅拌速度为 300r/min，反应温度为 25℃，$[NH_3]/[NH_4]^+$ 摩尔比为 1:1，浸出时间为 150min。

从图 5-31、图 5-32 可以看出，固液比对高炉瓦斯灰锌浸出率有显著影响，锌浸出率及浸出速率均随着固液比增加而逐渐增加，且锌浸出率达到平衡时间明显缩短，当液固比大于 5:1 后，锌的浸出率趋于稳定，适当提高固液比能加速外扩散，进一步缩短反应时间，然而，在产业化生产过程中增大液固比将大幅度增加后续液固分离的难度，因此浸出实验选取液固比为 5:1 较为合适。

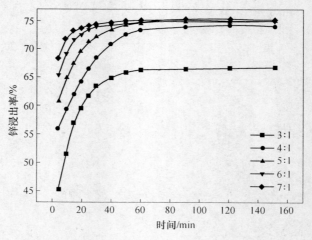

图 5-31　在不同浸出时间下液固比对锌提取的影响

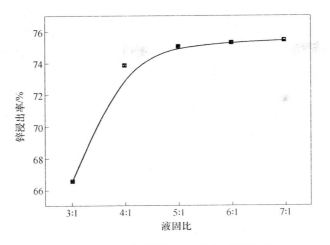

图 5-32　不同液固比对锌提取的影响（浸出 60min）

5.2.5.6　温度对锌浸出率的影响

图 5-33、图 5-34 所示为不同反应温度（25～65℃）对高炉瓦斯灰锌浸出效率的影响，浸出工艺条件为：总氨浓度 $c_{NH_3(T)}$ 为 5mol/L，搅拌速度为 300r/min，液固比为 5：1，$c_{NH_3}/c_{NH_4^+}$ 摩尔比为 1：1，浸出时间为 150min。

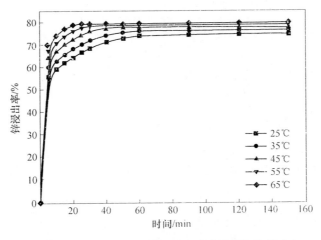

图 5-33　在不同浸出时间下温度对锌提取的影响

由图 5-33、图 5-34 可知，随着反应温度升高，高炉瓦斯灰锌浸出率随之增加，且锌浸出速率明显增加，从而缩短反应达到平衡时间，25℃时，60min 反应达到平衡；65℃时，25min 反应即达到平衡，锌浸出率从 73.87% 增加到

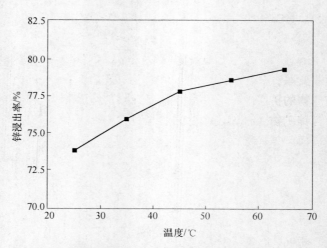

图 5-34　不同温度对锌提取的影响（浸出 60min）

79.29%；当反应温度超过 45℃时，浸出 40min 后锌浸出率高于 77.79%，温度对锌浸出率影响不显著，考虑温度升高会使游离［NH₃］挥发，造成浸出剂浪费，因此，反应温度应不高于 45℃。

另外，为考察其他有害元素伴随锌的浸出情况，对 45℃下的浸出液分别进行 Zn、Pb、Fe、Ca、Si 化学元素含量测定，得出浸出液中的含量分别为 6.81g/L、8.16mg/L、0.35mg/L、721mg/L、8.17mg/L，对应的元素浸出率分别为 80.05%、0.36%、0.008%、8.79%、0.15%。可看出 NH_3-CH_3COONH_4-H_2O 体系可选择性浸出 Zn，而不浸出 Pb、Fe、Ca、Si 等金属及碱性脉石杂质成分。

综合上述的实验结果，高炉瓦斯灰在 NH_3-CH_3COONH_4-H_2O 体系下浸出的较佳工艺条件为：浸出温度 45℃，总氨浓度 5mol/L，液固比 5：1，［NH_3］/［NH_4］⁺摩尔比 1：1，搅拌速度 300r/min，浸出时间 60min，锌的浸出率达 77.79%。

5.2.5.7　浸出过程的动力学研究

高炉瓦斯灰（BFD）颗粒浸出过程属于液-固相的反应，浸出反应过程可能受以下因素的控制：（1）浸出剂反应物或产物通过液体边界层的扩散；（2）浸出剂反应物或产物通过固态产物层的内扩散；（3）浸出剂反应物与未反应核物质表面的化学反应；（4）固体膜层扩散及界面化学反应二者的混合。

高炉瓦斯灰颗粒形貌不规整，且颗粒成分相对复杂，有单一的铁颗粒物相、铁氧化物颗粒、钙镁脉石颗粒，且大多数颗粒均包裹了含 Zn 物相，同时浸出渣 XRD 分析结果显示，浸出渣中主要是铁氧化物（FeO、Fe_3O_4、Fe_2O_3）及脉石成分（SiO_2、$MgSO_4$、$CaMgSiO_4$），还含有少量 $ZnFe_2O_4$。因此，锌大多嵌于脉石矿物中，浸出过程浸出剂扩散到脉石的空隙或裂缝，与高炉瓦斯灰含锌矿物发生反应，随着反应的进行，反应界面不断地向含锌矿物颗粒中心内收缩，副产物或残留固体层不断变厚，从而增大浸出剂反应物或产物的扩散通径，有可能阻碍浸出剂反应物或产物的扩散速率，另外惰性的脉石固体残留物易包裹未反应的收缩核，进而成为含锌矿物颗粒浸出率的控制因素。由于类似的研究鲜有报道，因此尝试采用收缩核模型来探索高炉瓦斯灰锌浸出的动力学行为。

浸出过程的反应模型如图 5-35 所示。

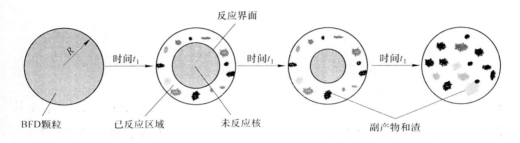

图 5-35　高炉瓦斯灰的浸出过程示意图

依据收缩核模型，当固-液相反应受扩散反应控制，那么，高炉瓦斯灰含锌颗粒的浸出动力学方程可表达为：

$$k_d t = 1 - 2/3x - (1 - x)^{2/3} \tag{5-7}$$

式中，k_d 为固-液相反应扩散速率常数；x 为高炉瓦斯灰锌的浸出率；t 为浸出时间。

当固-液相反应受界面化学反应控制，则高炉瓦斯灰含锌颗粒的浸出动力学方程可表达为：

$$k_r t = 1 - (1 - x)^{1/3} \tag{5-8}$$

式中，k_r 为固-液相界面化学反应速率常数；x 为高炉瓦斯灰锌的浸出率；t 为浸出时间。

此外，当固-液相反应同时受扩散反应和界面化学反应混合控制，高炉瓦斯灰含锌颗粒的浸出动力学方程可表达为：

$$k_0 t = 1/3\ln(1 - x) - \left[1 - (1 - x)^{-1/3} \right] \tag{5-9}$$

式中，k_0 为固-液相混合控制的反应速率常数；x 为高炉瓦斯灰锌的浸出率；t 为浸出时间。

将图 5-33 中不同反应温度对高炉瓦斯灰锌浸出效率的影响实验数据分别代入方程式（5-7）~式（5-9），对时间作变化曲线，结果如图 5-36、图 5-37 和图 5-38

所示，分别为锌浸出过程受扩散控制、界面化学反应控制及混合控制时的曲线。

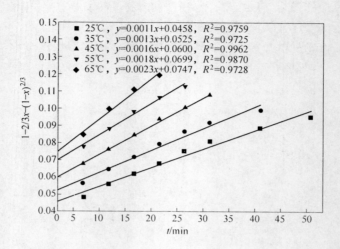

图 5-36　不同温度下 $1 - 2/3x - (1 - x)^{2/3}$ 与 t 的关系

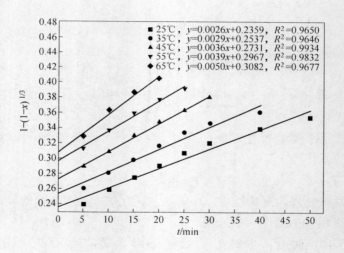

图 5-37　不同温度下 $1 - (1 - x)^{1/3}$ 与 t 的关系

锌浸出过程受扩散控制、界面化学反应控制及混合控制在不同温度下的锌浸出速率数据拟合对比见表 5-5。可以看出，混合控制模型拟合相关系数明显优于扩散控制模型及界面化学反应模型，且扩散模型的相关系数均大于 0.9872，因此可以认为，高炉瓦斯灰锌颗粒的浸出过程符合混合控制模型。

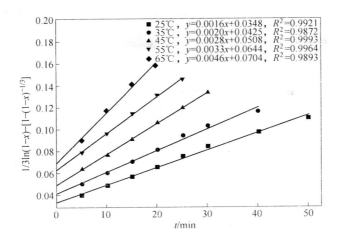

图 5-38　不同温度下 $1/3\ln(1-x) - [1-(1-x)^{-1/3}]$ 与 t 的关系

表 5-5　不同温度扩散控制、界面化学反应控制及混合控制模型的相关系数

温度/℃	相关系数 R^2		
	$1-2/3x-(1-x)^{2/3}$	$1-(1-x)^{1/3}$	$1/3\ln(1-x)-[1-(1-x)^{-1/3}]$
25	0.9759	0.9650	0.9921
35	0.9725	0.9646	0.9872
45	0.9962	0.9934	0.9993
55	0.9870	0.9832	0.9964
65	0.9728	0.9677	0.9893

图 5-39 中不同拟合直线的斜率即为不同反应温度下的反应速率常数 k，根据 Arrhemus 经验方程：

$$k = A\exp(-E_a/RT) \tag{5-10}$$

式中，E_a 为反应活化能，kJ/mol；A 为频率因子，常数；T 为温度，K；R 为气体常数，8.314×10^{-3} kJ/(mol·K)。

对式（5-10）两边取对数，得到 $\ln k$ 与 $1/T$ 的关系式：

$$\ln k = \ln A - E_a/RT \tag{5-11}$$

以 $\ln k$ 对 $1/T$ 作图，结果如图 5-39 所示。可进一步求出高炉瓦斯灰在 NH_3-CH_3COONH_4-H_2O 体系中浸出的初始表观活化能为 22.32kJ/mol。可以认为高炉瓦斯灰锌颗粒在 NH_3-CH_3COONH_4-H_2O 体系中浸出时的锌浸出速率受混合控制的影响。

综上所述，混合控制模型能准确描述高炉瓦斯灰锌的浸出行为，为了进一步

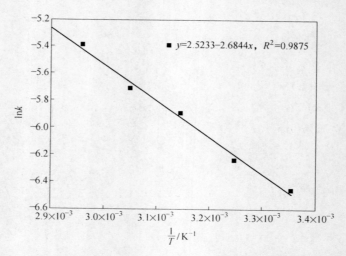

图 5-39　　$1/3\ln(1-x) - [1 - (1-x)^{-1/3}]$ 模型 $\ln k$ 与 $1000/T$ 的关系

研究锌浸出速率与总氨浓度、反应温度、液固比、转速及粒度的关系，建立以下半经验模型：

$$1/3\ln(1-x) + (1-x)^{-1/3} - 1 = k_0 c_{NH_{3(T)}}^{a} (L/S)^b (r)^c (D_p)^d \exp^{(-E_a/RT)} t$$

$$(5-12)$$

式中，E_a 为反应活化能，22.32kJ/mol；k_0 为表观反应常数，min^{-1}；T 为温度，K；$c_{NH_{3(T)}}$ 为总氨浓度，mol/L；L/S 为液固比，mL/g；r 为转速，r/min；D_p 为粒子直径，μm；R 为气体常数，8.314×10^{-3}kJ/(mol·K)。

若考虑其他因素不变的情况下，只改变总氨浓度，则方程（5-9）可写成：

$$1/3\ln(1-x) + (1-x)^{-1/3} - 1 = k_1 c_{HN_{3(T)}}^{a} t \qquad (5-13)$$

$$d[1/3\ln(1-x) + (1-x)^{-1/3} - 1]/dt = k_1 c_{NH_{3(T)}}^{a} \qquad (5-14)$$

根据方程（5-12）作不同总氨浓度下 $1/3\ln(1-x) - 1 + (1-x)^{-1/3}$ 与时间 t 的关系曲线，如图 5-40（a）所示，拟合直线的斜率即为不同总氨浓度下 $d[1/3\ln(1-x)^{-1} + (1-x)^{-1/3}]/dt$ 相应的值 k_1，作 $\ln[d[1/3\ln(1-x)^{-1} + (1-x)^{-1/3}]/dt]$ 与 $\ln c_{NH_{3(T)}}$ 的曲线，如图 5-41（a）所示，计算拟合曲线的斜率即为式（5-13）中 a 的值，$a=0.9137$。同理，控制其他单因素不变，分别只改变液固比、转速及粒度，则方程（5-9）相应可写成：

$$1/3\ln(1-x) + (1-x)^{-1/3} - 1 = k_2 (L/S)^{-b} t \qquad (5-15)$$

$$d[1/3\ln(1-x) + (1-x)^{-1/3} - 1]/dt = k_2 (L/S)^b \qquad (5-16)$$

$$d[1/3\ln(1-x) + (1-x)^{-1/3} - 1]/dt = k_3 (rpm)^c t \qquad (5-17)$$

$$d[1/3\ln(1-x) + (1-x)^{-1/3} - 1]/dt = k_3 (rpm)^c \qquad (5-18)$$

$$1/3\ln(1-x) + (1-x)^{-1/3} - 1 = k_4(D_p)^d t \tag{5-19}$$

$$d[1/3\ln(1-x) + (1-x)^{-1/3} - 1]/dt = k_4(D_p)^d \tag{5-20}$$

不同液固比、转速及粒度下 $1/3\ln(1-x) - 1 + (1-x)^{-1/3}$ 与时间 t 的关系曲线分别如图 5-40（b）~（d）所示，分别拟合得到不同液固比、转速及粒度条件下 $d[1/3\ln(1-x)^{-1} + (1-x)^{-1/3}]/dt$ 相应的值 k_2、k_3 及 k_4，分别以 $\ln k_2$ 对 $\ln(L/S)$、$\ln k_3$ 对 $\ln(rpm)$ 及 $\ln k_4$ 对 $\ln(D_p)$ 作图，如图 5-41（b）~（d）所示，分别得到式（5-15）、式（5-17）及式（5-19）中 b、c、d 的值，$b = 0.7193$，$c = 1.1824$，$d = -2.8528$。将拟合计算得到的 a、b、c、d 和 E_a 的值代入方程（5-12）中，即可得到高炉瓦斯灰在 NH_3-CH_3COONH_4-H_2O 体系中浸出锌的动力学速率方程：

$$1/3\ln(1-x) + (1-x)^{-1/3} - 1 = k_0 c_{NH_3(T)}^{0.9137}(L/S)^{0.7193}(rpm)^{1.1824}(D_p)^{-2.8528}$$
$$\exp^{(-22.32/RT)} t \tag{5-21}$$

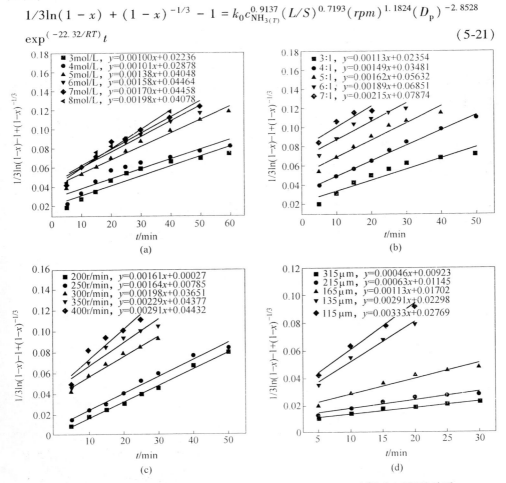

图 5-40 不同单因素条件下 $1/3\ln(1-x) - [1-(1-x)^{-1/3}]$ 与时间的关系

（a）总氨浓度；（b）液固比；（c）转速；（d）粒度

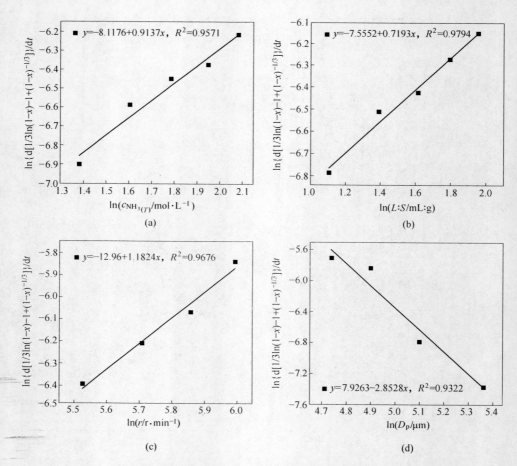

图 5-41 $\ln\{d[1/3\ln(1-x)-1+(1-x)^{-1/3}]/dt\}$ 分别与总氨浓度（a）、
液固比（b）、转速（c）、粒度（d）的关系曲线

5.2.5.8 浸出高炉瓦斯灰特征分析

A 浸出液 ESI-MS 分析

以上研究结果表明，羧酸取代基基团在浸出过程中发挥了重要作用，结合图
5-28 的 FT-IR 分析，羧酸阴离子能结合 Zn 离子形成新的羧酸盐配合物。为了明
确羧酸盐配合物的存在形式，实验对较佳工艺条件下的浸出液进行了正负离子模
式的 ESI-MS 分析，分析结果如图 5-42 及表 5-6 所示。

表 5-6 概述了锌浸出液中 20 种锌配合物在正负离子模式下的质谱相关数据，
包括峰值、m/z 值及对应配合物的分子式，表明采用 $NH_3\text{-}CH_3COONH_4\text{-}H_2O$ 体系
浸出高炉瓦斯灰，浸出液中锌配合物相对复杂，同时发现负离子模式下峰

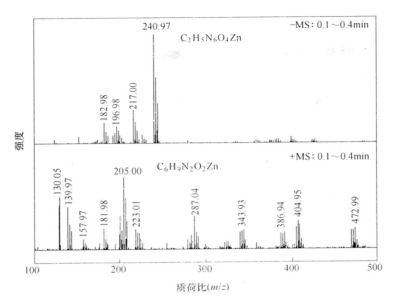

图 5-42　正负离子模式下锌浸出液的 ESI-MS 图

7（m/z=240.97）及正离子模式下 peak 6（m/z=204.98）相对其他离子团簇的峰强，将实验分析获得的对应配合物 $C_2H_5N_6O_4Zn$ 和 $C_6H_9N_2O_2Zn$，与 Bruker Xmass 6.1.2 软件数据库中理论配合物进行对比分析，结果如图 5-43 所示。

表 5-6　锌浸出液的质谱相关数据

峰	正离子 m/z	分子式	负离子 m/z	分子式
1	105.05	$C_6H_5N_2$	182.98	$C_4H_7O_4Zn$
2	130.16	$C_8H_{20}N$	192.87	$C_3HN_2Zn_2$
3	139.97	$C_2H_6NO_2Zn$	196.98	$C_5H_9O_4Zn$
4	157.97	$C_4H_4N_3Zn$	216.92	$C_5HN_2O_4Zn$
5	181.98	$C_4H_8NO_3Zn$	217.00	$C_8HN_4O_4$
6	205.00	$C_6H_9N_2O_2Zn$	226.95	$C_5H_7O_6Zn$
7	218.97	$C_6H_7N_2O_3Zn$	240.97	$C_2H_5N_6O_4Zn$
8	223.01	$C_6H_{11}N_2O_3Zn$	322.96	$C_3H_3N_{10}O_5Zn$
9	278.97	$C_7H_3N_8OZn$	332.82	$C_{10}H_5OZn_3$
10	283.00	$C_7H_7N_8OZn$	356.89	$CHN_{12}O_3Zn_2$
11	287.03	$C_7H_{11}N_8OZn$	380.90	$C_6H_5N_8O_4Zn_2$
12	321.92	$C_{13}H_8NOZn_2$	398.94	$C_{13}H_7N_2O_9Zn$

峰	正离子 m/z	分子式	负离子 m/z	分子式
13	339.94	$C_{12}H_{10}N_3OZn_2$	400.92	$C_{19}HN_2O_5Zn$
14	358.95	$C_6H_7N_4O_{10}Zn$	422.91	$C_9H_3N_{12}OZn_2$
15	386.94	$C_{12}H_{11}N_4O_3Zn_2$	476.74	$C_7H_{13}N_2O_2Zn_5$
16	404.95	$C_{12}H_{13}N_4O_4Zn_2$	500.85	$C_8H_{17}N_6O_3Zn_4$
17	469.00	$C_{21}H_{17}N_4OZn_2$	520.84	$C_{10}H_5N_{10}O_4Zn_3$
18	544.92	$C_8H_9N_{12}O_9Zn_2$	536.86	$C_{12}H_9N_8O_5Zn_3$
19	644.83	$C_6H_{17}N_{10}O_{10}Zn_2$	660.78	$C_3H_5N_{18}O_7Zn_4$
20	666.75	$C_{20}H_{15}N_2O_4Zn_5$	684.77	$C_{15}H_9N_8O_8Zn_4$

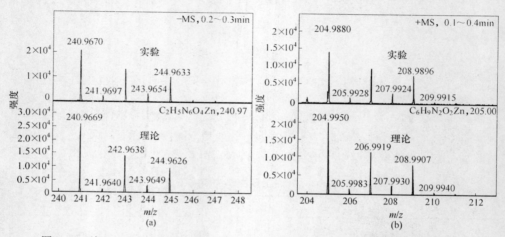

图 5-43　峰7(m/z 240.97) 及峰6(m/z 204.98) 与 Bruker 数据库理论配合物对比

　　研究结果显示，实验分析结果与 Bruker 数据库中的标准配合物匹配度较高，peak m/z 为 240.97 和 204.98 与理论配合物的 m/z 值相对误差小于 $5×10^{-6}$，分别为 -0.3 和 -0.1，表明实验测定分析获得的锌配合物是可信的。

　　B　浸出渣 XRD 分析

　　图 5-44 所示为较佳工艺条件下 NH_3-CH_3COONH_4-H_2O 体系高炉瓦斯灰原料及浸出渣的 XRD 对比。研究结果显示浸出后，ZnO 的特征峰完全消失，浸出渣中主要是铁氧化物（FeO、Fe_3O_4、Fe_2O_3）及脉石成分（SiO_2、$MgSO_4$、$CaMgSiO_4$），还含有少量的 $ZnFe_2O_4$。

　　C　浸出渣 SEM-EDS 分析

　　为进一步明确高炉瓦斯灰在 NH_3-CH_3COONH_4-H_2O 体系中锌未完全溶解的

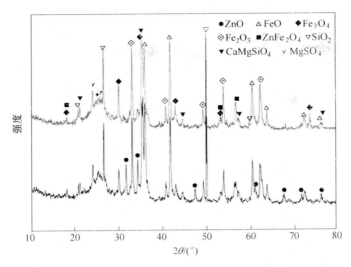

图 5-44　高炉瓦斯灰浸出前后的 XRD 图谱

原因，对浸出渣做 SEM-EDS 能谱及 SEM-EDS 面扫描分析，结果分别如图 5-45 及图 5-46 所示。

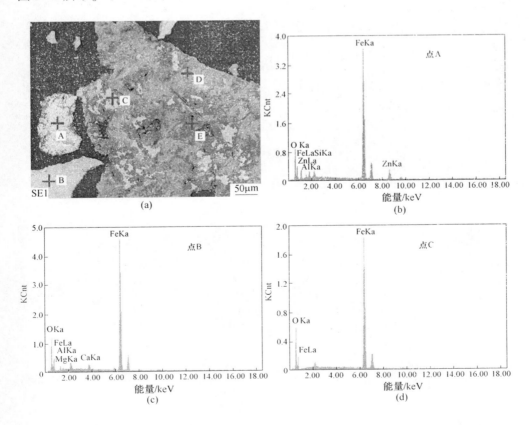

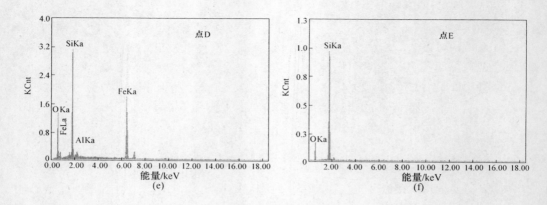

图 5-45　锌浸出渣 SEM-EDS 能谱图

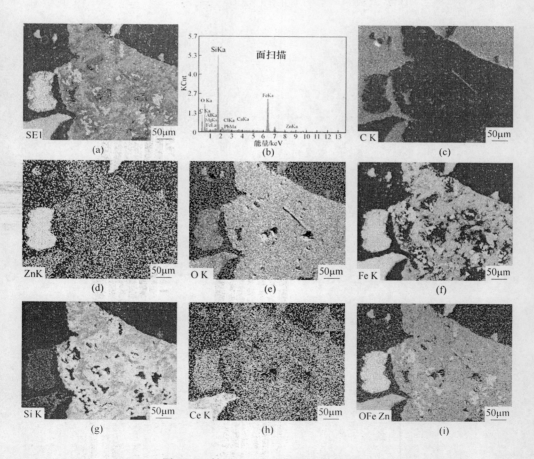

图 5-46　锌浸出渣 SEM-EDS 面扫描图谱

从图 5-45 可以看出，高炉瓦斯灰在 NH_3-CH_3COONH_4-H_2O 体系下的浸出渣主要存在 5 种形貌：亮色独立颗粒（点 A，见图 5-45（b））、亮灰色独立块状颗粒（点 B，见图 5-45（c））、亮灰色颗粒（点 C，见图 5-45（d））、暗灰色絮状无定型嵌入物（点 D，见图 5-45（e））以及深灰色颗粒（点 E，见图 5-45（f））。图 5-45（b）显示渣中残余的 Zn 主要与 Fe、O 元素共同存在亮色独立颗粒中，Fe 存在于除深灰色颗粒以外的其他颗粒中；图 5-45（f）显示深灰色颗粒主要有 Si、O 元素。结合图 5-46 对 C、Zn、O、Fe、Si 及 Ca 的面扫描分布进行分析，图 5-46（i）所示为 Zn、O、Fe 的组合图，由图可以看出亮色独立颗粒（点 A，见图 5-45（b））主要是铁酸锌物相，深灰色颗粒主要是二氧化硅，且与铁的氧化物呈相互镶嵌态存在。由 XRD 及 SEM-EDS 分析结果可以看出，残余的铁酸锌是导致锌浸出率低的主要原因。

5.3 氨-铵盐-水体系浸出复杂难处理含锌冶金渣尘工艺研究

二次锌资源的回收在循环经济中占有重要地位，前面针对钢铁厂生产的含锌烟尘（高炉瓦斯灰）做了初步探索性实验研究，除钢铁烟尘以外，还有铅锌铜冶炼浸出渣、铅锌冶炼炉挥发烟尘、热镀锌底渣（或表面灰渣）及废旧锌锰电池等可作为再生锌生产所用原料，这类资源的年产量及锌含量作为二次锌资源的生产原料亦是可观的，因此，进一步研究含锌渣尘混合物料的综合回收利用技术对锌的生产有重大意义。

5.3.1 含锌冶金渣尘原料

实验所用冶金渣尘来自某含锌二次资源回收企业，是多类冶金渣尘的混合物料。取含锌冶金渣尘在 85℃ 恒温干燥箱中干燥至恒重后进行多元素化学成分分析、化学物量分析、XRD、SEM-EDS（面扫描）分析，结果分别见表 5-7 和表 5-8，图 5-47~图 5-50。由表 5-7 可知，该原料成分复杂，锌铁含量高，另外还含有较高含量的稀散伴生金属 In；其次冶金渣尘还含有较高含量的 Cl 和碱性脉石成分。氯含量较高的含锌物料，用传统湿法直接处理会腐蚀铅合金阳极，造成阴极电锌杂质元素超标、腐蚀设备、生产成本高、锌回收率低等严重影响。

另外，将 2kg 的样品进行过筛分级，然后对分级后的 9 个不同粒径样品分别进行锌化学元素分析及 XRF 荧光光谱分析，分别见表 5-9 及表 5-10。分析结果表明，在原料及其他粒度中各种成分含量相差不大。

表 5-7 冶金渣尘中主要化学元素含量分析

成分	Zn	Fe	C	Pb	S	Si	Al_2O_3	Mg	CaO	In	Cl	Bi
含量/%	24.74	21.66	9.14	1.13	1.39	2.66	2.22	1.14	4.10	354g/t	2.94	0.97

表 5-8　冶金渣尘中含锌物相分析

相　　别	碳酸锌	硅酸锌	硫化物	锌铁尖晶石及其他	T_{Zn}
锌含量/%	21.04	2.47	1.18	0.065	24.74
分布率/%	84.98	9.98	4.78	0.26	100.00

表 5-9　冶金渣尘各粒级中的锌含量及分布

粒度/μm	原料	+380	380~250	250~180	180~150	150~120	120~109	109~96	-96
质量分数/%	100	6.54	8.60	8.17	5.69	36.21	11.18	17.94	5.68
Zn/%	24.74	23.24	24.20	24.70	24.64	24.33	24.74	24.14	23.33

表 5-10　冶金渣尘不同粒级下的 XRF 荧光分析

粒级/μm	O	Zn	C	Fe	Cl	Si	Ca	K	Pb	Mg	Al	Bi	S	In
原料	33.11	20.53	16.14	17.25	1.49	1.97	1.61	1.30	0.94	0.84	0.84	0.81	0.70	0.05
+380	32.33	20.54	15.50	17.86	1.84	1.98	1.66	1.08	1.25	0.89	0.91	0.81	0.80	0.05
380~250	31.07	23.05	14.19	18.56	1.85	2.03	1.71	1.05	1.39	0.89	0.92	0.90	0.83	0.05
250~180	31.34	23.58	13.98	18.41	1.80	1.99	1.68	1.00	1.42	0.92	0.93	0.93	0.84	0.05
180~150	31.47	23.55	13.89	18.38	1.79	2.01	1.69	0.99	1.43	0.92	0.92	0.92	0.86	0.05
150~120	32.76	21.36	15.52	18.29	1.65	2.05	1.69	0.96	1.28	0.88	0.94	0.83	0.82	0.05
120~109	32.20	21.93	14.96	18.62	1.79	2.05	1.69	0.98	1.29	0.89	0.93	0.86	0.81	0.04
109~96	32.67	20.31	16.56	17.78	1.56	1.97	1.62	0.94	1.94	0.84	0.89	0.79	0.76	0.04
-96	31.94	21.47	15.52	19.00	1.62	2.04	1.69	1.00	1.28	0.87	0.93	0.82	0.78	0.04

　　由于冶金渣尘中有价金属及杂质离子的存在形式对锌的提取工艺及方法的选择至关重要，为了确定冶金渣尘中各金属离子及杂质离子的存在形式，进行 XRD 及 SEM-EDS 测试分析，分别如图 5-47~图 5-50 所示。

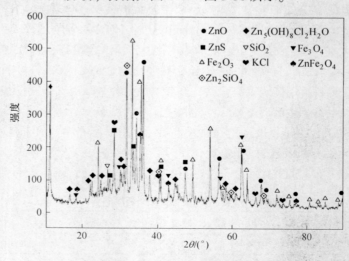

图 5-47　冶金渣尘样品的 XRD 图谱

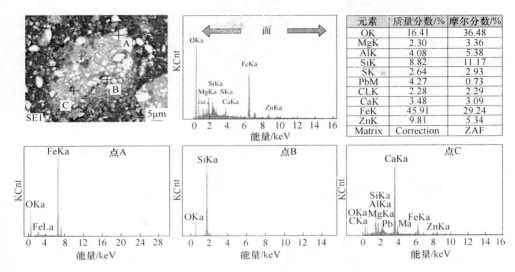

元素	质量分数/%	摩尔分数/%
OK	16.41	36.48
MgK	2.30	3.36
AlK	4.08	5.38
SiK	8.82	11.17
SK	2.64	2.93
PbM	4.27	0.73
CLK	2.28	2.29
CaK	3.48	3.09
FeK	45.91	29.24
ZnK	9.81	5.34
Matrix	Correction	ZAF

图 5-48 冶金渣尘样品 SEM-EDS 图谱

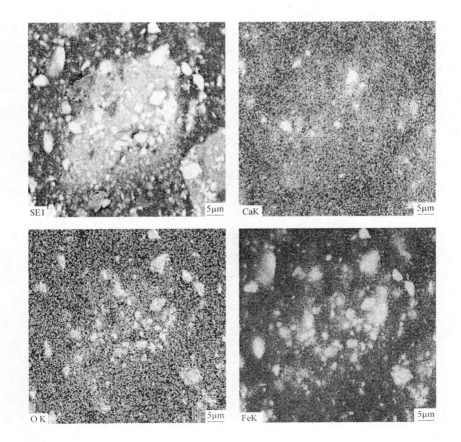

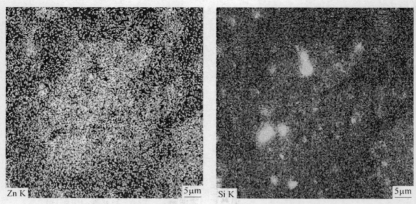

图 5-49 冶金渣尘样品 SEM-EDS 面扫描图谱

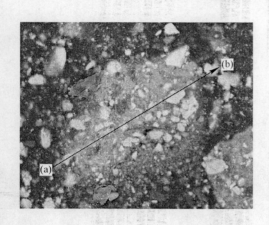

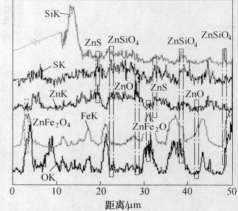

图 5-50 冶金渣尘样品 SEM-EDS 线扫描图谱

（注：线扫描前端主要为 SiO_2 的峰，峰强度较大，舍去）

图 5-47 所示为冶金混合渣尘的 XRD 图谱，结果显示锌在冶金渣尘中主要以氧化锌（ZnO）、硅酸锌（Zn_2SiO_4）、硫化锌（ZnS）、铁酸锌（$ZnFe_2O_4$）和 $Zn_5(OH)_8Cl_2 \cdot H_2O$ 形式存在，铁主要以四氧化三铁（Fe_3O_4）和三氧化二铁（Fe_2O_3）的形式存在。

图 5-48 ~ 图 5-50 所示分别为含冶金混合渣尘 SEM-EDS 能谱图、SEM-EDS 面扫描图及线扫描图。从图 5-48 及图 5-49 可以看出冶金渣尘中亮色颗粒主要是铁的氧化物，灰色颗粒是石英，而无定型结构内除 Zn、O 外还赋存了 Fe、Pb、Al 等有价金属元素及 Si、Ca、Mg、S、Cl 等脉石成分杂质元素，从扫描电镜 SEM 图片可以看出有价金属矿物与脉石成分相互镶嵌，形成包裹态。另外，SEM-EDS 线扫描图谱（图 5-50）结果显示锌在冶金渣尘中主要以氧化锌（ZnO）、硅酸锌（Zn_2SiO_4）、硫化锌（ZnS）和铁酸锌（$ZnFe_2O_4$）形式存在，除 ZnO 外，其余三

类含锌矿物质对于常规湿法浸出锌均属于难浸出矿相，同时浸出过程脉石成分及杂质 Cl 进入湿法流程势必对锌的生产过程造成巨大的影响。

图 5-51 所示为冶金渣尘不同粒级样品的激光粒度分布，分析结果见表 5-11，表 5-11 给出了原料样品及各粒级在 D_{10}、D_{50}、D_{90}、D_{98} 的粒径值，同时给出了不同粒级条件下的体积平均粒径 D、面积平均粒径 D 及相应表面积与体积比。

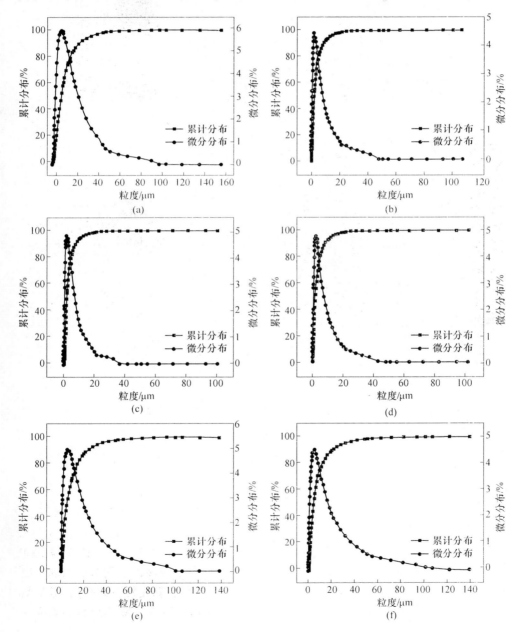

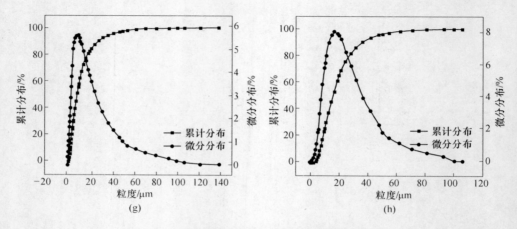

图 5-51　冶金渣尘不同粒级样品激光粒度分析结果

（a）原料；（b）380~250μm；（c）250~180μm；（d）180~150μm；
（e）150~120μm；（f）120~109μm；（g）109~96μm；（h）-96μm

表 5-11　冶金渣尘不同粒级样品激光粒度分析参数

粒级/μm	D_{10}	D_{50}	D_{90}	D_{98}	体积平均粒径/μm	面积平均粒径/μm	表面积与体积比/m²·cm⁻³
原料	2.473	7.885	24.851	47.912	10.775	5.588	6.421
380~250	0.368	1.739	8.110	19.255	3.162	0.912	21.546
250~180	0.415	1.741	7.192	15.929	2.869	1.003	20.199
180~150	0.450	1.891	7.854	17.531	3.133	1.087	18.883
150~120	1.450	5.743	22.413	47.727	9.044	3.442	8.807
120~109	0.963	4.438	20.166	47.308	7.920	2.334	10.861
109~96	2.384	8.120	27.323	47.006	11.575	5.486	6.848
-96	6.561	15.429	35.901	58.480	17.717	13.173	3.752

5.3.2　NH₃-NH₄Cl-H₂O 体系浸出含锌冶金渣尘工艺研究

5.3.2.1　时间对锌浸出率的影响

　　控制实验液固比 4:1，温度 25℃，总氨浓度 4mol/L，铵氨比为 1:1，研究浸出时间对锌浸出率的影响，结果如图 5-52 所示，该条件下浸出含锌冶金渣尘的速度很快，浸出 2min 锌的浸出率就达到 66.8%，随着浸出时间的延长，曲线逐渐上升；当浸出时间为 30min 时，锌浸出率为 75%，随着时间的继续延长锌浸出率基本保持不变，以下实验控制浸出时间为 30min。

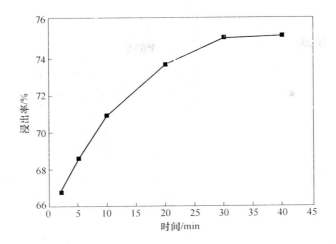

图 5-52　浸出时间对浸出率的影响

5.3.2.2　温度对锌浸出率的影响

控制实验液固比为 4：1，时间为 30min，总氨浓度 4mol/L，铵氨比为 1：1，转速为 200r/min，图 5-53 所示为不同浸出温度对锌浸出率的影响，研究结果表明随着温度的升高，锌的浸出率先升高后降低，当温度达到 55℃时，锌浸出率最高。可能的原因是温度的升高加速了化学反应的进行，锌浸出率提高；随着温度继续升高，加剧了氨溶液的挥发，从而影响了锌的溶出，锌浸出率随之降低。但是从整体的锌浸出效果来看，高温条件下的锌浸出率与常温条件下锌浸出率差距不是较大，考虑到浸出环境及能耗方面的考虑，确定浸出温度为 25℃。

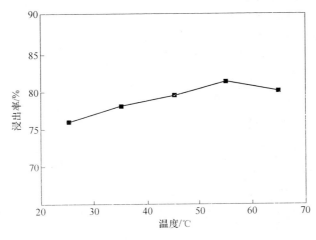

图 5-53　温度对锌浸出率的影响

5.3.2.3　转速对锌浸出率的影响

控制实验液固比为 4∶1，温度为 25℃，总氨浓度 4mol/L，铵氨比为 1∶1，时间为 30min，研究搅拌速度对锌浸出率的影响，结果如图 5-54 所示。从图中可以看出锌浸出率随着搅拌速度的增加而增加。当转速从 100r/min 增加到 200r/min 时，锌浸出率的增加较大；当搅拌速度高于 200r/min 时，随着搅拌速度的增加，锌浸出率基本保持不变，综合考虑确定搅拌速度为 200r/min。

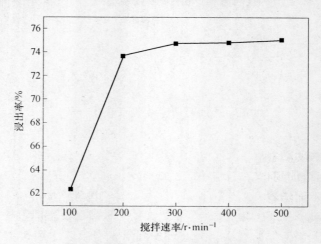

图 5-54　搅拌速度对锌浸出率的影响

5.3.2.4　总氨浓度对锌浸出率的影响

控制实验液固比为 4∶1，时间为 30min，温度 25℃，铵氨比为 1∶1，转速为 200r/min，研究总氨浓度对锌浸出率的影响，结果如图 5-55 所示，研究结果表明随着总氨浓度的增加，锌的浸出率增加。从图中还可以看出，当浸出液中总氨浓度从 2mol/L 增加到 3mol/L 时，锌浸出率增加缓慢；从 3mol/L 增加到 4mol/L 时，锌浸出率增加显著；从 4mol/L 增加到 6mol/L 时，锌浸出率溶出效率降低。主要因为，总氨浓度较低时，氨浸出剂不足以溶出矿样中的锌，从而制约了锌的溶出效率；当氨总浓度增加时增加了浸出剂与锌的接触面，从而大幅度提高锌的溶出效率；当总氨浓度再度升高到一定程度时，浸出剂与锌的接触面并不是影响锌溶出的主要因素，另外控制一定的总氨浓度就可以最大限度溶出矿样中可溶性的锌，因此，后续的实验总氨浓度选择为 5mol/L。

5.3.2.5　液固比对锌浸出率的影响

控制实验浸出时间为 30min，温度为 25℃，总氨浓度 5mol/L，铵氨比为

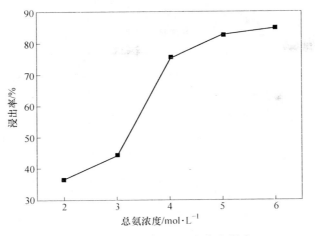

图 5-55 总氨浓度对锌浸出率的影响

1∶1,转速为 200r/min，研究不同液固比对锌浸出率的影响，结果如图 5-56 所示。研究结果表明随着液固比升高，锌的浸出率先快速增加，后保持基本恒定。液固比从 2∶1 增加到 4∶1 锌浸出率增加较快，这主要因为对于一定量的含锌矿样锌含量固定，而随着液固比的增加浸出剂的含量增加，同时增加了单位面积含锌颗粒与浸出剂的接触面积，能最大限度浸出锌；液固比大于 4∶1 时，液固比的增加对锌浸出率的变化基本没有影响，整体而言控制液固比为 4∶1 为宜。

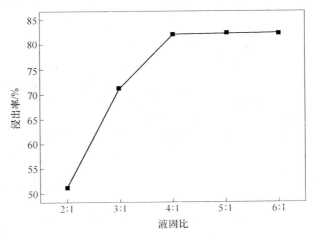

图 5-56 液固比对锌浸出率的影响

5.3.2.6 铵氨比对锌浸出率的影响

控制实验液固比为 4∶1，温度为 25℃、总氨浓度 5mol/L、时间为 30min、转速为 200r/min，研究不同氨铵比对锌浸出率的影响，结果如图 5-57 所示。研究结果表明，在纯氨水与纯氯化铵作为浸出剂时，锌浸出率较低，不足 20%；当氨与总氨比从 0 增加到 0.5（氨铵比为 1∶1）锌的浸出率明显升高，且当氨铵比为 1∶1 时锌浸出率达到最大值 82.8%，当氨与总氨比继续升高，锌浸出率随之降低。总体而言为实现锌的最佳溶出效果，实验控制氨铵比为 1∶1 为宜。

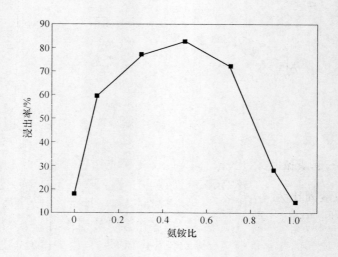

图 5-57　氨铵比对锌浸出率的影响

通过实验确定 NH_3-NH_4Cl-H_2O 体系浸出含锌冶金渣尘的最佳浸出条件为：总氨浓度为 5mol/L，浸出时间为 30min，搅拌速度为 200r/min，液固比为 4∶1，氨铵比为 1∶1，温度为 25℃。得到的浸出率为 82.8%。

5.3.3　NH_3-$(NH_4)_2SO_4$-H_2O 体系浸出含锌冶金渣尘工艺研究

5.3.3.1　浸出时间对锌浸出率的影响

实验选取总氨浓度为 5mol/L，液固比为 4∶1，氨铵比为 1∶1，温度为常温 25℃，转速为 400r/min，考察不同浸出时间对锌浸出率的影响，实验结果如图 5-58 所示。

图 5-58 所示为浸出时间对锌提取率的影响，浸出时间较短时，锌的提取率较低；在浸出时间为 5~30min 时，随着时间的增加，锌的提取率越来越高；当浸出时间增加到 40min 以后，随着时间的延长锌提取率的变化不大。在后续的实验中，选取浸出时间为 30min。

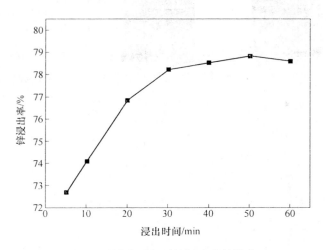

图 5-58 浸出时间对锌浸出率的影响

5.3.3.2 总氨浓度对锌浸出率的影响

实验选取液固比为 4∶1，氨铵比为 1∶1，温度为常温 25℃，转速为 400 r/min，浸出时间 30min，研究不同总氨浓度对锌浸出率的影响，实验结果如图 5-59 所示。

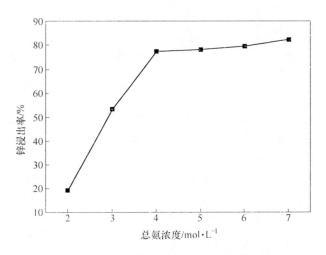

图 5-59 总氨浓度对锌浸出率的影响

从图 5-59 可知，随着总氨浓度从 2mol/L 增加至 4mol/L，锌的浸出率从 19.39%快速增加至 77.55%；当总氨浓度超过 4mol/L 时，锌的浸出率却变化不是很大。因此，后续实验选取总氨浓度为 4mol/L 有利于锌的溶出。

5.3.3.3 液固比对锌浸出率的影响

实验选取总氨浓度为 4mol/L，氨铵比为 1∶1，温度为常温 25℃，转速为 400r/min，浸出时间 30min，研究不同液固比对锌浸出率的影响，实验结果如图 5-60 所示。

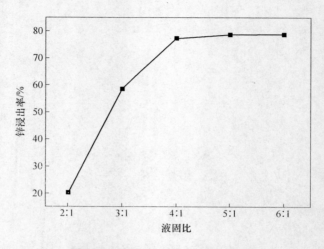

图 5-60　液固比对锌浸出率的影响

由图 5-60 可见，随着液固比增加，锌的提取率也随之增加，液固比从 2∶1 增加到 4∶1 时，锌的浸出率从 20.43% 快速提高至 77.55%；当液固比超过 4∶1 时，锌的浸出率变化趋于平缓，在后续的实验当中，选取液固比为 4∶1 较适宜。

5.3.3.4 氨铵比对锌浸出率的影响

实验选取总氨浓度为 4mol/L，温度为常温 25℃，转速为 400r/min，浸出时间 30min，液固比为 4∶1，研究不同氨与总氨比对锌浸出率的影响，实验结果如图 5-61 所示。

由图 5-61 可知，当氨与总氨比从 0 增加至 0.5 时，锌的浸出率越来越高，并达到最大值，锌的浸出率从 27.70% 增加到 77.55%；当氨铵比大于 0.5 时，随着氨与总氨比的增加，锌的浸出率越来越低，另外发现，采用纯氨水和纯硫酸铵作为浸出剂时，锌浸出率较低，只有控制合适的氨铵比才有利于锌的溶出，所以，在后续的实验当中，选取氨与总氨比为 0.5（即氨铵比为 1∶1）较适宜。

5.3.3.5 转速对锌浸出率的影响

实验选取总氨浓度为 4mol/L，温度为常温 25℃，氨铵比为 1∶1，浸出时间

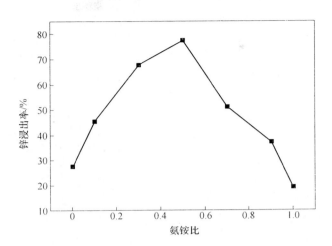

图 5-61　氨铵比对锌浸出率的影响

30min，液固比为 4∶1，研究不同转速对锌浸出率的影响，实验结果如图 5-62 所示。

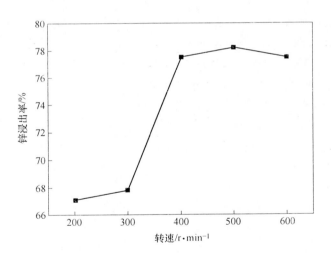

图 5-62　转速对锌浸出率的影响

由图 5-62 可见，当设置转速为 200r/min、300r/min 时，锌的浸出率较低（68%），当转速增加至 400r/min 时，锌的浸出率明显增加，锌的浸出率达到 77.55%；当转速大于 400r/min 时，锌的浸出率变化并不明显。因此，在后续的实验当中，选取转速为 400r/min。

5.3.3.6　温度对锌浸出率的影响

实验选取总氨浓度为 4mol/L，氨铵比为 1∶1，液固比为 4∶1，转速 400r/min，浸出时间 30min，研究不同温度对锌浸出率的影响，实验结果如图 5-63 所示。

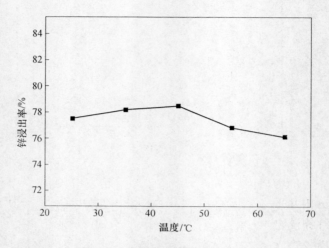

图 5-63　温度对锌浸出率的影响

由图 5-63 可知，随着浸出温度的提高，锌的浸出率有先升高后较低的趋势；当温度 45℃ 时，锌的浸出率相对较高，但相对于常温条件下锌的浸出率变化不明显，因此该实验选择在室温条件下进行即可。

综合以上研究可知，采用 NH_3-$(NH_4)_2SO_4$-H_2O 体系浸出含锌冶金渣尘，控制总氨浓度为 4mol/L，氨铵比 1∶1，液固比 4∶1，转速 400r/min，温度为常温 25℃，浸出时间 30min，锌的浸出率可达到 77.55%。

5.3.4　NH_3-$(NH_4)_3AC$-H_2O 体系浸出含锌冶金渣尘工艺研究

5.3.4.1　单因素实验研究

A　浸出时间对锌浸出率的影响

控制实验温度为 25℃，液固比为 4∶1，氨铵比为 1∶1，转速为 400r/min，总氨浓度为 5mol/L，研究不同浸出时间对锌的浸出率的影响，结果如图 5-64 所示。

图 5-64 所示为不同的浸出时间下锌的提取效率，从图中可以看出随着浸出时间由 5min 增加到 60min，锌浸出率从 74.99% 增加到 78.65%；从图中还可以发现，浸出 30min 后锌的浸出率达到 78.24%，说明浸出时间对从含锌冶金渣尘中

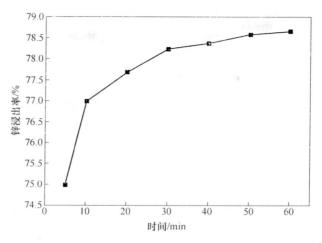

图 5-64 浸出时间对锌浸出率的影响

回收锌的有着很大的影响；随着反应时间的继续延长，锌浸出率变化不明显，说明反应在 30min 内几乎完成，因此，在后续实验中浸出时间设定为 30min。

B 转速对锌浸出率的影响

控制温度为 25℃，液固比为 4:1，氨铵比为 1:1，浸出时间为 30min，总氨浓度为 5mol/L，研究不同转速对锌的浸出效率的影响，结果如图 5-65 所示。

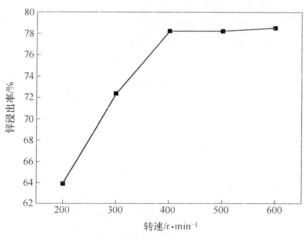

图 5-65 转速对锌浸出率的影响

从图中可看出，锌浸出率随着搅拌转速的增加先快速增加后趋于平衡，随着转速从 200r/min 增大至 400r/min，锌浸出率从 68.91%显著增加至 78.52%；但转速超过 400r/min 后对锌的浸出效率没有显著影响。因此，后续实验中转速设定为 400r/min。

C　总氨浓度对锌浸出率的影响

控制温度为 25℃，液固比为 4∶1，氨铵比为 1∶1，浸出时间为 30min，转速为 400r/min，研究不同总氨浓度对锌的浸出率的影响，结果如图 5-66 所示。

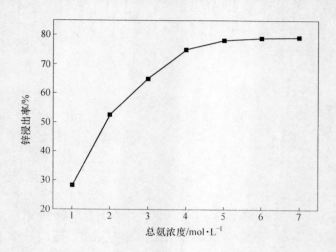

图 5-66　总氨浓度对锌浸出率的影响

从图 5-66 可看出锌浸出率随着总氨浓度的增加而增加。总氨浓度由 1mol/L 增加到 7mol/L，锌浸出率从 28.39% 增加到 79.28%，说明总氨浓度对从含锌冶金渣尘中回收锌的有显著的影响。另外可以发现，总氨浓度从 1mol/L 增加到 5mol/L，锌浸出率增加较快，当总氨浓度大于 5mol/L 时，锌浸出率没有显著增加，说明总氨浓度为 5mol/L 时可以实现锌的最佳溶出，因此，在后续实验中总氨浓度设定为 5mol/L。

D　液固比对锌浸出率的影响

控制温度为 25℃，总氨浓度为 5mol/L，氨铵比为 1∶1，浸出时间为 30min，转速为 400r/min，研究不同液固比对锌浸出率的影响，结果如图 5-67 所示。

从图 5-67 中可看出锌浸出率随着液固比的增大先增加后趋于平衡。随着液固比从 2∶1 增大到 7∶1，锌的浸出效率从 62.31% 增加到 78.94%；然而液固比超过 4∶1 时，锌的浸出率几乎没有变化。因此，在后续实验中液固比选择 4∶1。

E　氨铵比对锌浸出率的影响

控制温度为 25℃，总氨浓度为 5mol/L，液固比为 4∶1，浸出时间为 30min，转速为 400r/min，研究纯氨水、纯铵溶液、不同氨铵比对锌浸出率的影响，结果如图 5-68 所示。

从图 5-68 中可看出，NH_3/NH_T 比从 0 增加到 0.5 时，锌的浸出率虽然随着

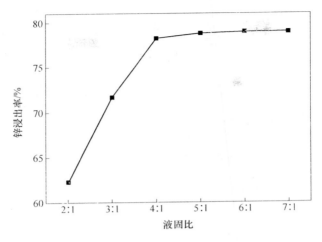

图 5-67　液固比对锌浸出率的影响

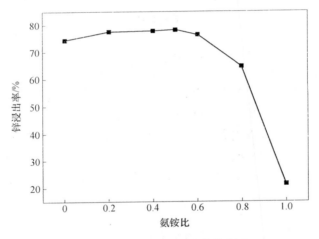

图 5-68　氨铵比对锌浸出率的影响

氨铵比的增加而增加，但是增加幅度不明显；NH_3/NH_T 比从 0.5 增加到 1 时，锌的浸出效率随氨铵比的增加而减小。NH_3/NH_T 比为 1 时锌浸出效率最低，仅为 21.46%；NH_3/NH_T 比为 0.5 （即氨铵比为 1 : 1） 时锌浸出效率最高，达到 78.24%，因此在后续实验中氨铵比设定为 0.5，即 NH_3/NH_4^+ 为 1 : 1。

　　F　温度对锌浸出率的影响

　　控制氨铵比为 1 : 1，总氨浓度为 5mol/L，液固比为 4 : 1，浸出时间为 30min，转速为 400r/min，研究不同反应温度对锌的浸出效率的影响，结果如图 5-69 所示。

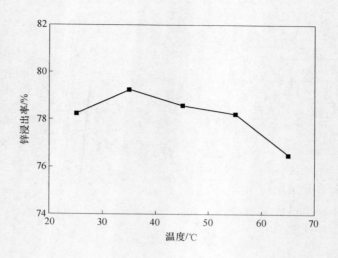

图 5-69　温度对锌浸出率的影响

从图 5-69 中可以看出，随着温度从 25℃ 升高到 35℃，锌的浸出效率虽然有小幅度上升，但趋势平缓；温度从 35℃ 升高到 65℃ 时，锌的浸出效率从 79.27% 降至 76.51%。整体上看，锌的浸出率随温度的变化不明显，因此，综合考虑实验在常温下进行即可。

综上，采用 NH_3-$(NH_4)_3AC$-H_2O 体系进行含锌冶金渣尘锌的回收，控制浸出时间为 30min，转速为 400r/min，总氨浓度为 5mol/L，液固比为 4∶1，氨铵比为 1∶1，浸出温度为 25℃，在此工艺参数条件下，含锌冶金渣尘中锌的浸出率可达到 78.59%。

5.3.4.2　响应曲面优化实验

A　响应曲面优化实验设计

在上述单因素实验研究的基础上，控制浸出温度、转速、氨铵比选取对 NH_3-$(NH_4)_3AC$-H_2O 体系浸出含锌冶金渣尘提锌影响较大的浸出时间（X_1/min）、总氨浓度（X_2/mol·L^{-1}）、液固比（X_3/mL·g^{-1}）作为实验的 3 个因素，采用响应曲面法对实验进行优化设计，进行系统实验。

利用中心组合优化设计（CCD）确定影响提锌率主要因素的最佳条件，其因素水平编码表见表 5-12。在本实验的响应曲面设计中，浸出时间（15~45min）、总氨浓度（3~7mol/L）、液固比（2∶1~6∶1）。

表 5-12　响应曲面法因素水平编码

因　素	水　平		
	-1	0	1
浸出时间 X_1/min	15	30	45
总氨浓度 $X_2/\text{mol} \cdot \text{L}^{-1}$	3	5	7
液固比 $X_3/\text{mL} \cdot \text{g}^{-1}$	2	4	6

采用 CCD 设计的系统优化实验方案共计 20 组实验，其中有中心点重复试验 6 组，考察的响应值为 NH_3-$(NH_4)_3AC$-H_2O 浸出含锌冶金渣尘提锌率（Y），实验设计方案和实验结果见表 5-13。

为了减小浸出过程中的系统误差，实验顺序按照 Design Expert 软件随机生成的顺序进行，并计算 NH_3-$(NH_4)_3AC$-H_2O 浸出含锌冶金渣尘提锌率，实验设计方案与实验结果见表 5-13。

表 5-13　NH_3-$(NH_4)_3AC$-H_2O 浸出提锌中心组合设计方案与实验结果

序号	影　响　因　素			锌浸出率/%
	浸出时间 X_1/min	总氨浓度 $X_2/\text{mol} \cdot \text{L}^{-1}$	液固比 $X_3/\text{mL} \cdot \text{g}^{-1}$	
1	15.00	3.00	2.00	20.23
2	45.00	3.00	2.00	41.20
3	15.00	7.00	2.00	60.58
4	45.00	7.00	2.00	74.26
5	15.00	3.00	6.00	76.34
6	45.00	3.00	6.00	70.10
7	15.00	7.00	6.00	77.89
8	45.00	7.00	6.00	81.01
9	4.77	5.00	4.00	70.62
10	55.23	5.00	4.00	78.59
11	30.00	1.64	4.00	39.47
12	30.00	8.36	4.00	82.05
13	30.00	5.00	0.64	29.47
14	30.00	5.00	7.36	80.84
15	30.00	5.00	4.00	78.59

序号	影 响 因 素			锌浸出率/%
	浸出时间 X_1/min	总氨浓度 X_2/mol·L^{-1}	液固比 X_3/mL·g^{-1}	
16	30.00	5.00	4.00	78.59
17	30.00	5.00	4.00	78.59
18	30.00	5.00	4.00	78.59
19	30.00	5.00	4.00	78.59
20	30.00	5.00	4.00	78.59

注：考虑到实验的可操作性，在实际浸出工艺中，实验 9 和实验 10 的真实时间分别设定为 5min 和 55min，实验 11 和实验 12 的总氨浓度分别 1.6mol/L 和 8.4mol/L，实验 13 和实验 14 的液固比分别是 0.6mL/g 和 7.4mL/g。

B　模型精确性分析

响应曲面优化设计中对模型的精确性验证必不可少。本实验模型的精确性分析采用美国 STAT-EASE 公司开发的 Design Expert 实验设计软件。锌浸出率（Y）为因变量，浸出时间（X_1/min）、总氨浓度（X_2/mol·L^{-1}）和液固比（X_3/mL·g^{-1}）为自变量，通过最小二乘法拟合得到含锌冶金渣尘锌浸出率的二次多项回归方程，见式（5-22）。

$$Y = -118.98 + 1.18X_1 + 28.83X_2 + 37.93X_3 + 8.63 \times 10^{-3}X_1X_2 - 0.16X_1X_3 - 1.90X_2X_3 - 6.16 \times 10^{-3}X_1^2 - 1.57X_2^2 - 2.07^3X_3^2 \tag{5-22}$$

本实验采用的中心组合设计拟合模型为二次方模型。所得模型拟合性分析和回归方程的方差分析见表 5-14 和表 5-15。

数学模型的适用性和精确性可以用模型的决定相关系数（R^2）确定，当回归模型与实际工艺的适用性越高，模型精确性越好，其数值就越接近 1。由表 5-15可知，方程（4.3）模型的决定相关系数（R^2）为 0.9906，说明该模型拟合度高，99.06% 的实验数据均可用该模型进行解释。通常预测 R^2 与校正 R^2 之差在 0.2 之间可认为合理，本模型的预测 R^2 与校正 R^2 分别为 $R^2_{预测} = 0.9506$ 和 $R^2_{校正} = 0.9838$，该模型的预测 R^2 符合校正 R^2。用来表征信噪比因素的是精密度，其值大于 4 就可取，精密度=37.605 体现了显著的信噪比强度，也同时说明该模型适用于表征该设计空间。

由表 5-15 可知，模型的 F 值为 145.21，只有 0.01% 的概率会使信噪比发生错误，模型的 $P_{rob}>F$ 值为 0.0001，表明建立的回归模型精度很高，模拟效果显著。如果变量的 $P_{rob}>F$ 值小于 0.05，说明此变量对响应值有显著影响，由此可知影响因素中，因素 X_1、X_2、X_3、X_2X_3 及 X_1^2、X_2^2、X_3^2 对锌的浸出效率均有比较显著的影响，而交互作用因素 X_1X_2、X_1X_3 的影响不显著。由方差分析的结果可知，此模型与实验数据拟合度良好，对高炉灰浸出提锌的预测较精确。根据 MYERS 的理论，如果模型拟合效果显著，相关系数要达到 0.8 以上，本实验的 $R^2 = 0.9906$、$R^2_{校正} = 0.9838$ 和 $R^2_{预测} = 0.9506$，均明显大于 0.8，反映本实验所选模型的拟合度良好。

表 5-14 响应设计的模型拟合性分析

时序模型的平方和

来源	平方和	自由度	均方差	F 值	$P_{rob} > F$ 值	评估
平均与总和	91691.53	1	91691.53			
线性与平均	4761.37	3	1587.12	11.95	0.0002	
2FI 模型与线性	643.22	3	214.41	1.88	0.1827	
二次方与 2FI 模型	1417.85	3	472.62	73.78	<0.0001	建议的
三次方与二次方	64.02	4	16.01	2505.88	<0.0001	走样的
残差	0.038	6	6.38E-003			
总和	98578.03	20	4928.90			

失 拟 检 验

来源	平方和	自由度	均方差	F 值	P 值
线性型	2125.13	11	193.19	2125.13	11
2FI 模型	1481.91	8	185.24	1481.91	8
二次方型	64.06	5	12.81	64.06	5
三次方型	0.038	1	0.038	0.038	1
纯误差	0.000	5	0.000	0.000	5

模型概率统计

来源	标 准		校正 R^2	预测 R^2	预测残差平方和	评估
	偏差	R^2				
线性型	11.52	0.6914	0.6335	0.5053	3406.64	
2FI 模型	10.68	0.7848	0.6855	0.4632	3696.81	
二次方型	2.53	0.9907	0.9823	0.9214	541.15	建议的
三次方型	0.080	0.9905	0.9897	0.9988	8.45	走样的

表 5-15 响应面二次模型的方差分析

方差来源	平方和	自由度	均方	F 值	$P_{rob} > F$ 值
模型	6821.90	8	6821.90	145.21	<0.0001
X_1	147.84	1	147.84	25.18	0.0004

方差来源	平方和	自由度	均方	F 值	$P_{rob} > F$ 值
X_2	1815.95	1	1815.95	309.24	<0.0001
X_3	2797.57	1	2797.57	476.41	<0.0001
$X_1 X_3$	178.32	1	178.32	30.37	0.0002
$X_2 X_3$	464.36	1	464.36	79.08	<0.0001
X_1^2	27.68	1	27.68	4.71	0.0527
X_2^2	568.49	1	568.49	96.81	<0.0001
X_3^2	983.82	1	983.82	167.54	<0.0001
残差	64.59	11	5.87		
失拟项	64.59	6	10.77		
纯差	0.000	5	0.000		
总误差	6886.50	19			

分析结果表明在实验研究范围内上述模型可以对锌浸出率进行较精确的预测。

图 5-70 所示为含锌冶金渣尘锌浸出率预测值和实验值的关系，从图中可以看出，预测值非常接近实验值，表明二次多项式模型适合描述实验因素与含锌冶金渣尘锌浸出率的相关性，且所选模型高效并能真实反映参数。

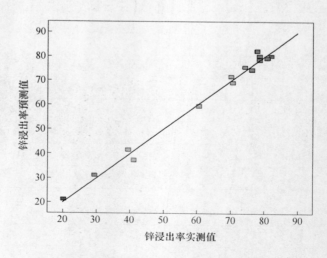

图 5-70　锌浸出率实验值与预测值对比

图 5-71 所示为含锌冶金渣尘锌浸出率的残差正态概率图，纵坐标中正态概率的划分代表残差的正态分布情况，由图可知，残差沿直线分布，表明实验残差分布在常态范围内；横坐标的残差代表实际的响应值与模型的预测值之间的差值，残差集中分布中间，且实际分布点像"S形曲线"，表明模型的精确性良好。

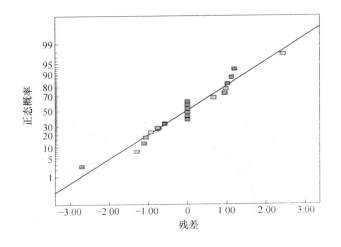

图 5-71　锌浸出率残差正态概率

C　响应面分析

实验获得浸出时间、总氨浓度、液固比及其相互作用对锌的浸出效率的影响的响应曲面，如图 5-72 所示。

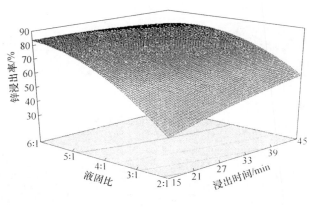

(a)

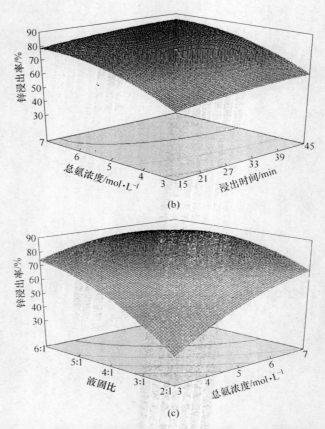

图 5-72 浸出时间、总氨浓度、液固比及其交互作用对锌浸出率影响的响应曲面

（a）浸出时间、液固比及其交互作用对锌浸出率的影响；

（b）浸出时间、总氨浓度及其交互作用对锌浸出率的影响；

（c）总氨浓度、液固比及其交互作用对锌浸出率的影响

由图 5-72 可知，浸出时间、总氨浓度、液固比对锌浸出率有较大的影响，其中总氨浓度、液固比为主要的影响因素，整体上看，锌冶金渣尘锌浸出率均随浸出时间、总氨浓度、液固比的增加而升高，这与图 5-64~图 5-69 的单因素条件实验结果所得的规律是一致的。

D 条件优化及验证

通过响应曲面软件的预测功能，在实验研究参数范围内，对浸出时间、总氨浓度和液固比进行优化设计，并根据优化实验的结果进行验证实验，得到实验值和预测值的对比，NH_3-$(NH_4)_3AC$-H_2O 体系浸出含锌冶金渣尘提锌的优化条件及其模型验证结果见表 5-16。

表 5-16 回归模型优化工艺参数

转速 /r·min^{-1}	浸出温度 /℃	氨铵比	浸出时间 /min	总氨浓度 /mol·L^{-1}	液固比	锌浸出率/%	
						预测值	实测值
400	35	1:1	21.94	6.05	4.98	84.98	83.09

为了检验响应曲面法优化的可靠性，采用优化后的工艺参数进行实验，此条件下两次平行实验得到锌浸出率结果为 83.09%，与预测值的偏差较小，由此说明采用响应曲面法优化 NH_3-$(NH_4)_3AC$-H_2O 体系浸出含锌冶金渣尘提锌的工艺参数是可靠的。

5.3.5 NH_3-CH_3COONH_4-H_2O 体系浸出含锌冶金渣尘工艺研究

5.3.5.1 浸出单因素实验研究

A 粒度对锌浸出率的影响

实验条件：总氨浓度 4mol/L，液固比 3:1，搅拌转速 300r/min，$c_{NH_3}/c_{NH_4^+}$ 摩尔比 1:1，反应温度 25℃，浸出时间 150min，考察粒度对锌浸出效果的影响，结果如图 5-73、图 5-74 所示。

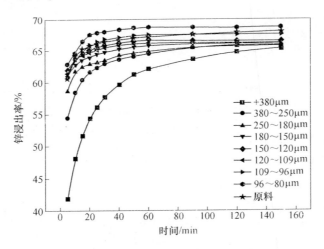

图 5-73 不同浸出时间矿物粒度对锌浸出率的影响

图 5-73 所示为不同粒度含锌冶金渣尘锌浸出率随时间的变化曲线。从图中可以看出，锌的浸出率随粒度减小呈增大趋势。冶金渣尘粒度从 +380μm 减小到 96~80μm 时，浸出 60min 锌浸出率从 62.26% 提高到 68.75%，锌浸出率增大不是很明显；同时，未筛分前的含锌冶金渣尘浸出 60min 锌浸出率为 67.23%，与

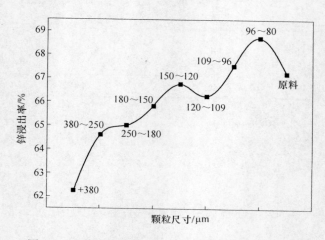

图 5-74　不同粒度对锌浸出率的影响（浸出 60min）

不同粒度下的锌浸出率相比，没有明显的变化，说明粒度对含锌冶金渣尘锌浸出率影响不大。从冶金渣尘的光学显微结构图可知，锌矿物主要嵌入在脉石及铁氧化物颗粒的裂缝及层理中，且呈微细的无定形状，粒度的改变基本对锌浸出率无影响，因此，在后续单因素实验研究中，采用未经过筛分处理的含锌冶金渣尘作为原料，以更充分利用含锌二次资源。

B　转速对锌浸出率的影响

实验条件：总氨浓度 4mol/L，液固比 3:1，$c_{NH_3}/c_{NH_4^+}$ 摩尔比 1:1，反应温度 25℃，浸出时间 150min，考察搅拌速度对锌浸出率的影响，结果如图 5-75、图 5-76 所示。

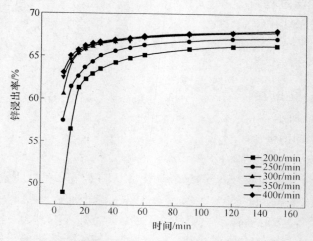

图 5-75　在不同浸出时间下搅拌转速对锌提取的影响

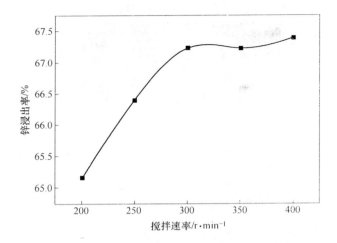

图 5-76　不同搅拌转速对锌提取的影响（浸出 60min）

图 5-75 所示为不同搅拌速度的冶金渣尘锌浸出率随时间的变化曲线。从图中可以发现，一方面，搅拌速度提高，加快了浸出剂的扩散速率，直接导致锌浸出速率提高，从而缩短浸出平衡所需的时间；另一方面，搅拌速度增加，致使团簇型细微颗粒均匀分散暴露在浸出溶液中，能较好地与浸出剂接触，从而提高锌的浸出率。从图 5-75 中可以看出，搅拌速度从 200r/min 提高到 250r/min，浸出 5min 后锌浸出率从 49.00% 提高到 60.63%，表明搅拌速度较低时提高搅拌强度对锌的浸出率有显著的影响；浸出 60min 后，当搅拌速度高于 300r/min 时，搅拌速度的增加对锌的浸出率基本没有影响，这是因为搅拌速度的增加可逐渐削弱液膜扩散对锌浸出过程的影响。结果表明，控制搅拌速度为 300r/min 即可消除搅拌因素对冶金渣尘中锌浸出速率的影响。

C　液固比对锌浸出率的影响

实验条件：总氨浓度 4mol/L，搅拌转速 300r/min，$c_{NH_3}/c_{NH_4^+}$ 摩尔比 1:1，反应温度 25℃，浸出时间 150min，考察不同液固比对锌浸出率的影响，结果如图 5-77、图 5-78 所示。

不同液固比的冶金渣尘锌浸出率随时间的变化曲线如图 5-77 所示，由图可以看出，随着液固比的增加锌浸出率增加，且在 60min 即可达到浸出平衡，当液固比较小时锌浸出率相对较低；当液固比从 2:1 提高到 4:1，浸出 60min 锌的浸出率从 47.35% 提高到 77.21%；但当继续增大液固比对锌的浸出效果明显减弱，液固比高于 5:1 时，锌浸出率提升不明显，控制液固比为 5:1 时锌浸出率达 79.88%。

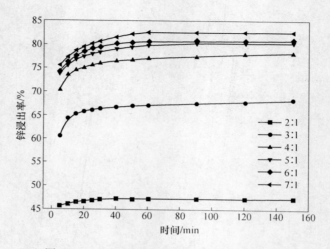

图 5-77　不同浸出时间液固比对锌提取的影响

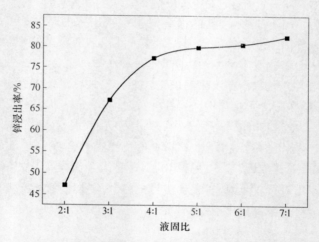

图 5-78　不同液固比对锌提取的影响（浸出 60min）

D　总氨浓度对锌浸出率的影响

实验条件：搅拌转速 300r/min，液固比 5∶1，$c_{NH_3}/c_{NH_4^+}$ 摩尔比 1∶1，反应温度 25℃，浸出时间 150min，考察不同总氨浓度对锌浸出率的影响，结果如图 5-79、图 5-80 所示。

图 5-79 所示为不同总氨浓度下冶金渣尘锌浸出率随时间的变化曲线，图 5-80 所示为不同总氨浓度下的含锌冶金渣尘浸出 60min 后锌浸出率的变化曲线，由图 5-79 及图 5-80 可知，总氨浓度对锌浸出率有显著的影响，锌浸出率及浸出速率随着总氨浓度的增加而增加，当总氨浓度为 2mol/L 时，浸出 60min 后锌的浸出

率仅为 49.49%；总氨浓度 5mol/L 时，锌浸出率可达到 83.86%；浸出超过 60min 后，延长浸出时间对锌浸出率基本没有影响。总氨浓度从 2mol/L 增加到 4mol/L 对锌浸出率的影响显著，锌浸出率提升 30.38%；当总氨浓度高于 4mol/L 时，锌浸出速率明显降低；从 4mol/L 到 6mol/L 锌浸出率提高 7.02%，因此，整体考虑总氨浓度对锌浸出效果的影响，后续的实验采用总氨浓度为 5mol/L。

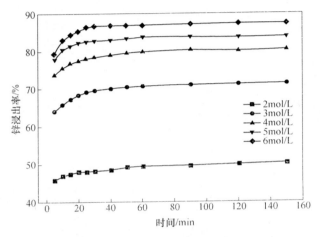

图 5-79　不同浸出时间总氨浓度对锌提取的影响

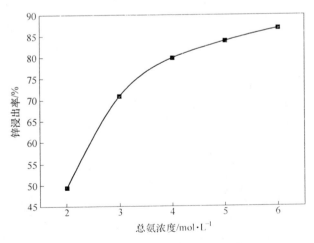

图 5-80　不同总氨浓度对锌提取的影响（浸出 60min）

E　氨铵比对锌浸出率的影响

实验条件：搅拌转速 300r/min，液固比 5:1，总氨浓度 5mol/L，反应温度 25℃，浸出时间 150min，考察从 0.1~0.9 变化范围内不同 $c_{NH_3}/c_{NH_{3(T)}}$ 摩尔比对锌浸出率的影响；同时也考察了单独采用氨水、乙酸铵作为浸出剂对锌浸出效果的影响，结果如图 5-81、图 5-82 所示。

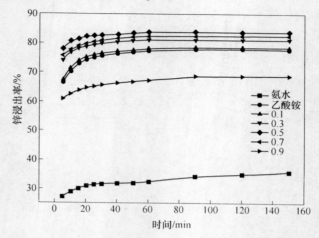

图 5-81　在不同浸出时间下 $c_{NH_3}/c_{NH_{3(T)}}$ 摩尔比对锌提取的影响

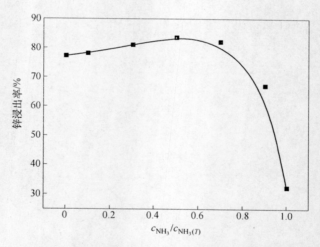

图 5-82　不同 $c_{NH_3}/c_{NH_{3(T)}}$ 摩尔比对锌浸出率的影响（浸出 60min）

图 5-81 所示为不同 $c_{NH_3}/c_{NH_{3(T)}}$ 摩尔比条件下冶金渣尘锌浸出率随时间的变化曲线，图 5-82 所示为不同 $c_{NH_3}/c_{NH_{3(T)}}$ 摩尔比条件下含锌冶金渣尘浸出 60min 后锌浸出率的变化曲线。由图 5-81 及图 5-82 可知，当 $c_{NH_3}/c_{NH_{3(T)}}$ 摩尔比为 0.5，及 $c_{NH_3}/c_{NH_4^+}$ 摩尔比为 1∶1 时，锌的浸出率最大，为 83.86%。另外，研究发现采用单一的氨水作为浸出剂时锌浸出率较低，浸出 60min 后锌浸出率仅为 32.45%；

而单采用单一乙酸铵作为浸出剂时浸出率相对较高，浸出 60min 后锌浸出率达到 77.40%。同时还发现，当 $c_{NH_4^+}$ 及羧酸根阴离子占主导地位时，随着 c_{NH_3} 浓度的增加，有利于锌浸出率的提高；当 $c_{NH_3}/c_{NH_3(T)}$ 摩尔比为 0.5 时，即 $c_{NH_3}:c_{NH_4^+}:c_{RCOO^-}=1:1:1$ 时，能实现锌的最大溶出，锌浸出率提高 6.46%，说明添加 CH_3COONH_4 作为浸出剂可促进锌的溶出。

F 温度对锌浸出率的影响

实验条件：搅拌转速 300r/min，液固比 5:1，总氨浓度 5mol/L，$c_{NH_3}/c_{NH_4^+}$ 摩尔比 1:1，浸出时间 150min，考察从不同浸出温度对锌浸出率的影响，结果如图 5-83、图 5-84 所示。

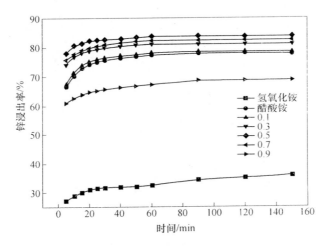

图 5-83 在不同浸出时间下温度对锌浸出率的影响

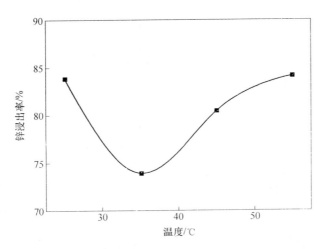

图 5-84 不同温度对锌浸出率的影响（浸出 60min）

图 5-83 所示为不同浸出温度条件下冶金渣尘锌浸出率随时间的变化曲线，图 5-84 所示为不同浸出温度条件下含锌冶金渣尘浸出 60min 后锌浸出率的变化曲线，由图 5-83 及图 5-84 可知，当温度从 25℃ 升高到 35℃ 时，浸出 60min 后，锌浸出率从 83.86% 降低到 73.96%，而当温度高于 35℃ 后，随着温度的升高锌浸出率呈升高趋势，55℃ 时锌浸出率为 84.14%。随着温度的升高，原子和分子碰撞的能量增加，同时传质系数、反应常数和扩散系数都随着温度的升高而改变。温度从 25℃ 升高到 35℃，未对反应速率和扩散速率造成大的改变，浸出剂 c_{NH_3} 的蒸发对锌浸出率的影响占主导地位，降低了 c_{NH_3} 的含量，同时减小了浸出剂分子与有用锌矿物碰撞的几率，从而降低了锌的浸出率，这一结果与前面研究相吻合，总氨浓度的降低及 $c_{NH_3}/c_{NH_4^+}$ 摩尔比的减小均不利于锌的浸出；然而当温度高于 35℃ 时，温度的升高大幅度改变了浸出剂与有用矿物之间的反应速率及扩散速率，同时使浸出剂分子获得较高初始运动能量，加速浸出剂分子运动，大幅度加剧浸出剂分子与有用矿物颗粒之间的碰撞概率，在较短时间内完成锌的溶出，c_{NH_3} 挥发对锌浸出率的影响同时得到了削弱。

另外，为考察含锌冶金渣尘中其他有害杂质元素伴随锌的浸出情况，对 25℃ 下的浸出液进行了 Zn、Pb、Fe、Ca、Si 化学元素含量测定，其在浸出液中的含量分别为 41.15g/L、0.0094g/L、0.0208g/L、0.66g/L、0.094mg/L。由测试结果可知 NH_3-CH_3COONH_4-H_2O 体系可选择性浸出 Zn，而不浸出 Pb、Fe、Ca、Si 等金属及碱性脉石杂质成分。对比含锌冶金渣尘的相关研究发现，NH_3-CH_3COONH_4-H_2O 氨性体系可有效对碱性脉石含量高、高铁一类复杂含锌二次资源进行选择性提取金属锌，而其他杂质元素不溶出，对含锌二次资源锌的提取具有普遍的应用价值。同时，诸多的研究也得出类似的结论，采用氨-铵盐-水体系浸出高碱性脉石型氧化锌矿，因其选择性强，氨与有价金属锌离子配合可促进锌溶出，能有效避免碱性脉石对氧化锌矿处理的不利影响。

综合上述实验结果，含锌冶金渣尘在 NH_3-CH_3COONH_4-H_2O 体系下浸出的较佳工艺条件为：浸出温度 25℃，总氨浓度 5mol/L，液固比 5∶1，$c_{NH_3}/c_{NH_4^+}$ 摩尔比 1∶1，搅拌速度 300r/min，浸出时间 60min，锌的浸出率达 83.86%。

5.3.5.2　浸出过程动力学研究

含锌冶金渣尘矿物镶嵌于惰性脉石和铁氧化物颗粒中，浸出过程浸出剂通过渗透进入颗粒间的空隙与有用矿物锌反应，随着反应进行，反应界面不断向有用矿物中心收缩，残余的固体产物层不断增加，未反应的收缩核容易被惰性固体产物层包裹。根据第 5.2.5 节高炉瓦斯灰的浸出动力学行为研究结果，对于含锌冶金渣尘的浸出行为有一定的相似性，因此同样采用收缩核模型进行含锌冶金渣尘浸出动力学研究。

将图5-83中不同反应温度对含锌冶金渣尘锌浸出率的影响实验数据分别代入方程式（5-7）、式（5-8）和式（5-9），分别作 $1-2/3x-(1-x)^{2/3}$、$1-(1-x)^{1/3}$ 和 $1/3\ln(1-x)-[1-(1-x)^{-1/3}]$ 对时间 $t(0\sim60\min)$ 的变化曲线，如图5-85（a）、（b）和（c）所示分别为锌浸出过程受扩散控制、界面化学反应控制及混合控制的曲线；进行分段直线拟合，各直线的斜率即为表观的反应常速（k_d、k_r 和 k_0），根据动力学模型的拟合相关系数值判定浸出过程符合哪类动力学模型控制。

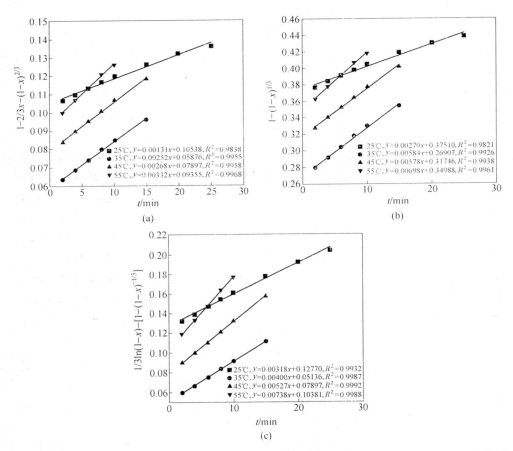

图5-85 不同温度下 $1-2/3x-(1-x)^{2/3}$、$1-(1-x)^{1/3}$、$1/3\ln(1-x)-[1-(1-x)^{-1/3}]$ 与 t 的关系

从图5-85（a）~（c）可以看出，锌浸出过程接近平衡前采用混合控制拟合的动力学方程线性关系（$R^2\geqslant0.9932$）较扩散控制及界面化学反应控制好，表明 $1/3\ln(1-x)-[1-(1-x)^{-1/3}]$ 与 t 呈良好的线性关系，说明混合控制模型可用来准确描述含锌冶金渣尘的浸出行为。另外，根据图5-85（a）~（c）得到不同温

度下的反应速率常数 k，分别带入 Arrhemus 经验方程（5-11），以 $\ln k$ 对 $1/T$ 作图，结果如图 5-86 所示。结果显示采用混合控制拟合得到 $\ln k$ 对 $1/T$ 曲线的相关拟合度（$R^2 = 0.9812$）明显高于扩散控制（$R^2 = 0.7877$）及界面化学反应控制（$R^2 = 0.6571$），进一步说明含锌冶金渣尘在 $NH_3\text{-}CH_3COONH_4\text{-}H_2O$ 体系中浸出过程的锌浸出速率受混合控制影响，初始反应表观活化能为 22.66kJ/mol。

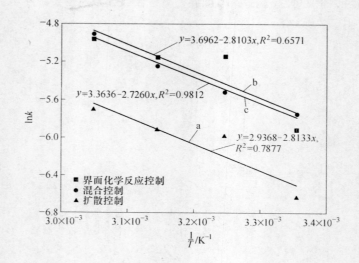

图 5-86　$1-2/3x-(1-x)^{2/3}$（a）、$1-(1-x)^{1/3}$（b）、

$1/3\ln(1-x)-1+(1-x)^{-1/3}$（c）模型 $\ln k$ 与 $1/T$ 的关系

在不同总氨浓度、搅拌速度及液固比条件下作 $1/3\ln(1-x)-[1-(1-x)^{-1/3}]$ 与 t 的关系曲线，结果分别如图 5-87（a）～（c）所示，得到不同浸出条件下的表观速率常数 k_1、k_2 及 k_3，分别以 $\ln k_1$ 对 $\ln c_{NH_3(T)}$、$\ln k_2$ 对 $\ln r$ 及 $\ln k_3$ 对 $\ln(L/S)$ 作图，分别如图 5-88（a）～（c）所示，拟合得到的直线方程斜率即为表观速率方程中总氨浓度、搅拌速度及液固比的表观反应级数，分别为 3.2240、−1.3625 及 3.1425。

基于上述研究，方程（5-9）中的 k_0 与总氨浓度、转速、液固比及温度密切相关，可建立以下半经验模型关系式：

$$k_0 = k_0' c_{NH_3(T)}^a (r)^b (L/S)^c \exp^{(-E_a/RT)} t \tag{5-23}$$

对比方程式（5-9）和式（5-23），式（5-23）可转化为：

$$1/3\ln(1-x)+(1-x)^{-1/3}-1 = k_0' c_{NH_3(T)}^a (r)^b (L/S)^c \exp^{(-E_a/RT)} t \tag{5-24}$$

将总氨浓度、搅拌速度、液固比的表观反应级数及反应初始活化能代入方程（5-24）中，即得到含锌冶金渣尘在 $NH_3\text{-}CH_3COONH_4\text{-}H_2O$ 体系中浸出锌的动力学速率方程：

$$\frac{1}{3}\ln(1-x) + (1-x)^{-1/3} - 1 = k_0' c_{NH_{3(T)}}^{3.2240} (r)^{-1.3625} (L/S)^{3.1425} \exp^{(-22.66/RT)} t$$

$$(5-25)$$

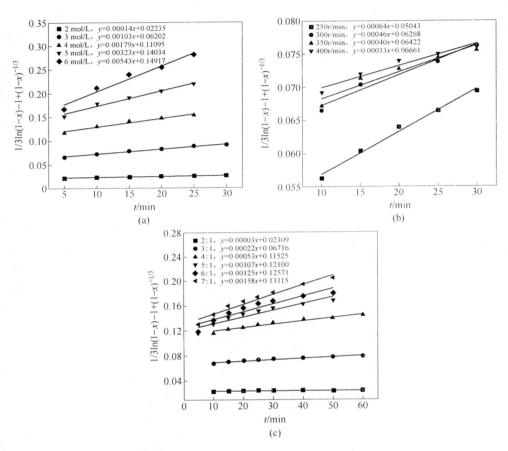

图 5-87 不同单因素条件下 $\frac{1}{3}\ln(1-x) - 1 + (1-x)^{-1/3}$ 与时间的关系

(a) 总氨浓度；(b) 转速；(c) 液固比

5.3.5.3 响应曲面优化实验

A 响应曲面优化实验设计与结果

在上述单因素实验研究的基础上，在室温条件下，选取对冶金渣尘锌提取率影响较大的搅拌速度 (X_1/r · min^{-1})、浸出时间 (X_2/min)、总氨浓度 (X_3/mol · L^{-1})、液固比 (X_4) 作为实验的 4 个考察因素，锌浸出率 (Y) 作为响应

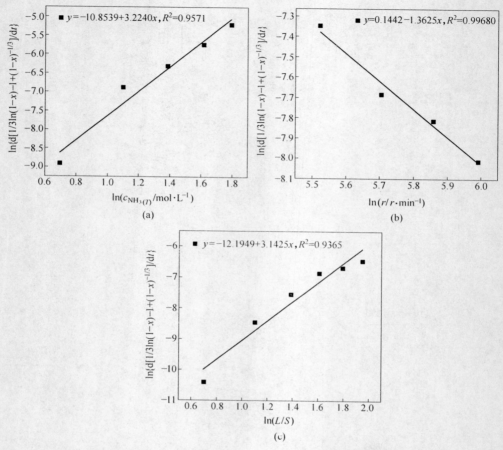

图 5-88　$\ln\left[\,d[\,1/3\ln(1-x)-1+(1-x)^{-1/3}\,]/dt\,\right]$ 分别与

$\ln c_{NH_3(T)}$、$\ln r$ 及 $\ln(L/S)$ 的关系曲线

(a) 总氨浓度；(b) 转速；(c) 液固比

值。在中心组合优化设计（CCD）中，每个影响因子都有 2^3 个充分阶乘，其中包括 8 个阶乘点、8 个轴向点以及 6 个中心重复点，采用全因子中心设计 30 组实验完成优化。为了减小浸出过程中的系统误差，实验顺序按照 Design Expert 软件设计随机生成的顺序完成实验，实验设计方案与对应实验结果见表 5-17。

表 5-17　常规浸出中心组合设计方案与实验结果

序号	$X_1/\text{r} \cdot \text{min}^{-1}$	X_2/min	$X_3/\text{mol} \cdot \text{L}^{-1}$	X_4	$Y/\%$
1	250	20	3	3	51.91

序号	$X_1/\text{r} \cdot \text{min}^{-1}$	X_2/min	$X_3/\text{mol} \cdot \text{L}^{-1}$	X_4	$Y/\%$
2	350	20	3	3	52.09
3	250	50	3	3	52.59
4	350	50	3	3	53.21
5	250	20	5	3	77.83
6	350	20	5	3	78.08
7	250	50	5	3	78.01
8	350	50	5	3	78.51
9	250	20	3	5	72.69
10	350	20	3	5	73.82
11	250	50	3	5	75.27
12	350	50	3	5	76.3
13	250	20	5	5	81.03
14	350	20	5	5	83.33
15	250	50	5	5	82.98
16	350	50	5	5	84.50
17	200	35	4	4	77.62
18	400	35	4	4	78.36
19	300	5	4	4	73.5
20	300	65	4	4	78.28
21	300	35	2	4	48.39
22	300	35	6	4	82.75
23	300	35	4	2	48.67
24	300	35	4	6	81.88
25	300	35	4	4	79.19
26	300	35	4	4	79.19
27	300	35	4	4	79.19
28	300	35	4	4	79.19
29	300	35	4	4	79.19
30	300	35	4	4	79.19

B　模型验证及统计分析

响应曲面优化设计中，对模型的精确性验证是数据分析的一个不可缺少的环节。本实验模型的精确性分析采用美国 STAT-EASE 公司开发的 Design Expert 实验设计软件。以锌浸出率（Y）为因变量，搅拌速度（$X_1/r \cdot min^{-1}$）、浸出时间（X_2/min）、总氨浓度（$X_3/r \cdot min^{-1}$）及液固比（X_4）为自变量，通过最小二乘法拟合得到 NH_3-CH_3COONH_4-H_2O 体系配位浸出锌冶金渣尘锌浸出率的二次多项回归方程：

$$Y = 79.19 + 0.38X_1 + 0.84X_2 + 8.55X_3 + 7.25X_4 - 0.012X_1X_2 - 0.10X_1X_3 +$$
$$0.28X_1X_4 - 0.20X_2X_3 + 0.36X_2X_4 - 4.30X_3X_4 - 0.16X_1^2 - 0.69X_2^2 -$$
$$3.27X_3^2 - 3.34X_4^2 \tag{5-26}$$

通过方差分析可以进一步检测模型的精确性，能够得到多项式方程中所有影响因素的显著性，并可以判断模型的有效性。本实验所得模型拟合性分析、模型可信度分析和回归方程的方差分析结果见表 5-18 ~ 表 5-20。

表 5-18　响应设计的模型拟合性分析

时序模型的平方和						
来　源	平方和	自由度	均方差	F 值	$P_{rob}>F$ 值	评估
平均与总和	160900	1	1.609×10^5			
线性与平均	3036.32	4	759.08	22.16	<0.0001	
2FI 模型与线性	300.53	6	50.09	1.71	0.1726	
二次方与 2FI 模型	536.69	4	134.17	104.59	<0.0001	建议的
三次方与二次方	15.57	8	1.95	3.71	0.0505	走样的
残差	3.67	7	0.52			
总和	1.647×10^5	30	5491.61			

失　拟　检　验				
来　源	平方和	自由度	均方差	评估
线性型	856.46	20	42.82	
2FI 模型	555.93	14	39.71	
二次方型	19.24	10	1.92	建议的
三次方型	3.67	2	1.84	走样的
纯误差	0.000	5	0.000	

模型概率统计

来　源	标　准		校正 R^2	预测 R^2	预测残差平方和	评估
	偏差	R^2				
线性型	5.85	0.7800	0.7448	0.6832	1233.10	
2FI 型	5.41	0.8572	0.7820	0.7741	879.23	
二次方型	1.13	0.9951	0.9904	0.9715	110.84	建议的
三次方型	0.72	0.9991	0.9961	0.8641	528.85	走样的

表 5-19　模型对锌浸出率可行度分析

标准差	1.13	R^2	0.9951
平均值	73.22	校正 R^2	0.9904
C.V.%值	1.55	预测 R^2	0.9715
评估	110.84	精密度	44.882

表 5-20　响应面二次模型的方差分析

来源	平方和	自由度	均方	F 值	$P_{rob} > F$ 值	方差来源
模型	3873.53	14	276.68	215.67	<0.0001	显著的
X_1	3.38	1	3.38	2.64	0.1252	
X_2	16.92	1	16.92	13.19	0.0025	显著的
X_3	1752.92	1	1752.92	1366.39	<0.0001	显著的
X_4	1263.10	1	1263.10	984.57	<0.0001	显著的
X_1X_2	2.256×10^{-3}	1	2.256×10^{-3}	1.759×10^{-3}	0.9671	
X_1X_3	0.16	1	0.16	0.13	0.7273	
X_1X_4	1.23	1	1.23	0.96	0.3437	
X_2X_3	0.61	1	0.61	0.48	0.5002	
X_2X_4	2.08	1	2.08	1.62	0.2222	
X_3X_4	296.44	1	296.44	231.07	<0.0001	显著的
X_1^2	0.72	1	0.72	0.56	0.4655	
X_2^2	12.94	1	12.94	10.09	0.0063	显著的
X_3^2	292.75	1	292.75	228.20	<0.0001	显著的
X_4^2	306.12	1	306.12	238.61	<0.0001	显著的
残差	19.24	15	1.28			

来源	平方和	自由度	均方	F 值	$P_{rob} > F$ 值	方差来源
失拟项	19.24	10	1.92			
纯差	0.000	5	0.000			
总误差	3892.78	29				

在响应曲面的中心组合设计（CCD）中，建立高精度的回归模型，要求模型的 $P_{rob} > F$ 值小于 0.05，才能保证模拟效果显著。另外，要求失拟不显著，即失拟项 $P_{rob} > F$ 的值大于 0.05，表明回归方程的拟合度高。本实验响应面设计的数值分析见表 5-18。二次方模型的 $P_{rob} > F$ 值 < 0.0001 和失拟项 0.0674 满足要求，能提供一个拟合效果非常显著的模型。本实验采用的中心组合设计拟合模型为二次方模型。

数学模型的适用性和精确性可以用模型的决定相关系数（R^2）来表征，数值越接近 1，回归模型与实际工艺的适用性越高，模型精确性越好。由表 5-19 可知，方程（5-26）二次方模型的决定相关系数（R^2）为 0.9951，说明该模型拟合度高，99.51% 的实验数据均可用该模型进行解释。一般认为预测 R^2 与校正 R^2 之差在 0.2 之间属于合理，该模型的预测 R^2 与校正 R^2 分别为 0.9715 和 0.9902，该模型的预测 R^2 合理的符合校正 R^2。精密度用来表征信噪比，当精密度值大于 4 是可取的，44.882 体现了显著的信噪比强度，也同时说明该模型适用于表征该设计空间。

由表 5-20 可知，模型的 F 值为 215.67，只有 0.01% 的概率会使信噪比发生错误，模型的 $P_{rob} > F$ 值为 0.0001，表明建立的回归模型精度很高，模拟效果显著。如果变量的 $P_{rob} > F$ 值小于 0.05，说明此变量对响应值有显著影响，由此可知影响因素中，因素 X_2、X_3、X_4、$X_3 X_4$ 及 X_2^2、X_3^2、X_4^2 对锌浸出率均有比较显著的影响。方差分析表明，此模型与实验数据的拟合度良好，能够对 NH_3-$CH_3 COONH_4$-H_2O 体系配位浸出锌冶金渣尘锌浸出率进行较精确的预测。根据 MYERS 的理论，如果模型拟合效果显著，相关系数要达到 0.8 以上，本实验的 $R^2 = 0.9951$、$R^2_{校正} = 0.9902$ 和 $R^2_{预测} = 0.9715$ 均明显大于 0.8，也证明本实验模型拟合效果显著。

分析结果表明在实验研究范围内上述模型可以对 NH_3-$CH_3 COONH_4$-H_2O 体系配位浸出锌冶金渣尘锌浸出率进行较精确的预测。

图 5-89 所示为 NH_3-$CH_3 COONH_4$-H_2O 体系配位浸出锌冶金渣尘锌浸出率预测值和实验值的关系，其中实测值为浸出实验数据（表 5-17），模型预测值通过公式（5-26）计算得到，从图中可以看出，实验获得的实验值非常接近预测值，并均匀分布在预测值的两侧，表明 Quadratic 模型适合描述实验因素与冶金渣尘

锌浸出率的相关性，即实验选取的模型可以较好地反映参数之间的真实关系。

图 5-90 所示为 NH_3-CH_3COONH_4-H_2O 体系配位浸出锌冶金渣尘锌浸出率的残差正态概率，纵坐标中正态概率的划分代表残差的正态分布情况，图中显示锌冶金渣尘锌浸出率的残差沿直线分布，表明实验残差分布遵循正态分布；横坐标的残差代表实际的响应值与模型的预测值之间的差值，残差集中分布于中间，且实际分布点像 "S 形曲线"，表明模型的精确性良好。

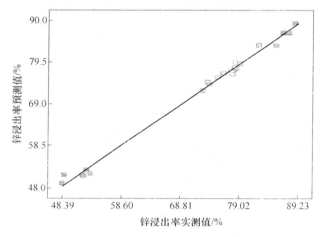

图 5-89　锌浸出率实验值与预测值对比

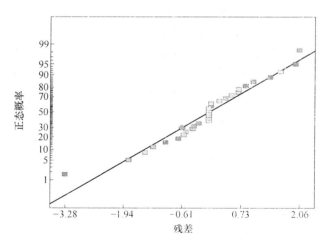

图 5-90　锌浸出率残差正态概率

C　响应面模型分析

根据优化的二次模型，得到搅拌速度、浸出时间、总氨浓度、液固比及其相互作用对锌浸出率的影响的响应曲面。4 个影响因子的交互作用时锌浸出率的影响如图 5-91 所示。

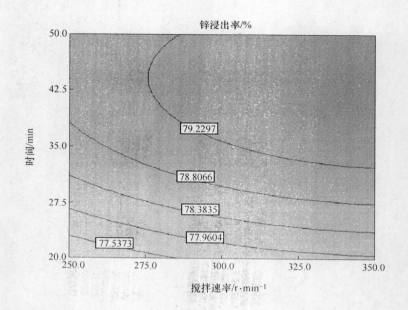

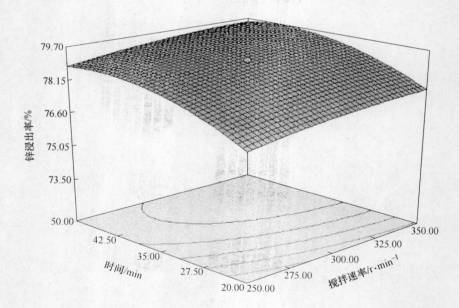

(a)

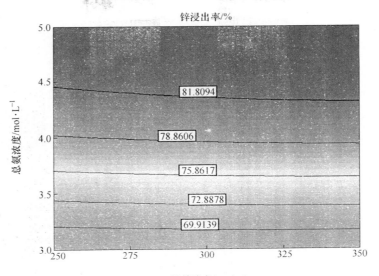

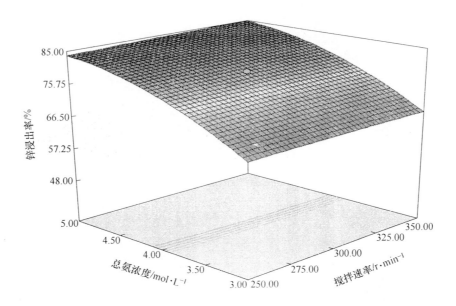

(b)

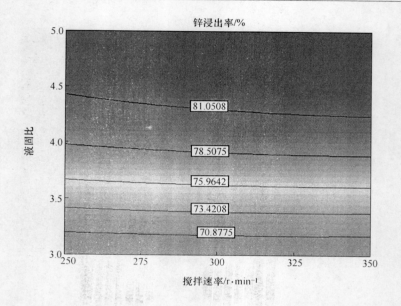

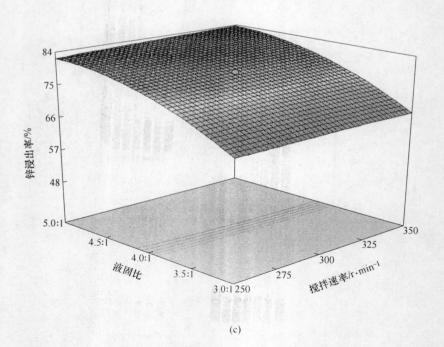

(c)

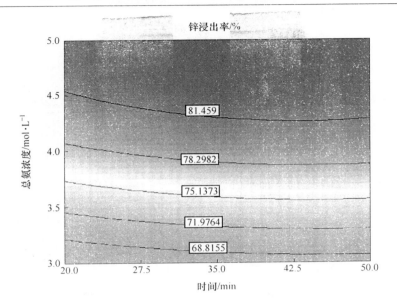

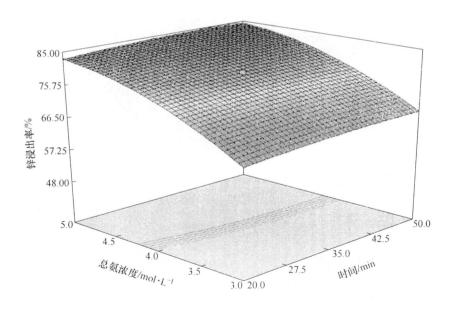

(d)

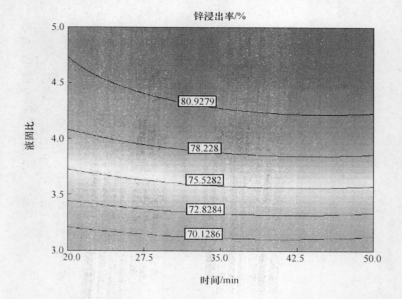

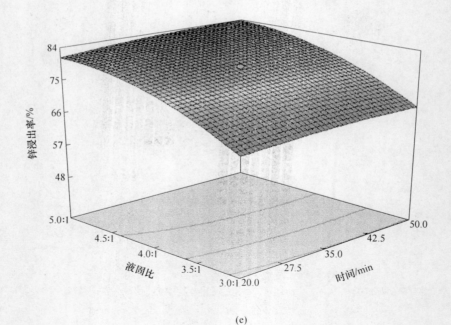

(e)

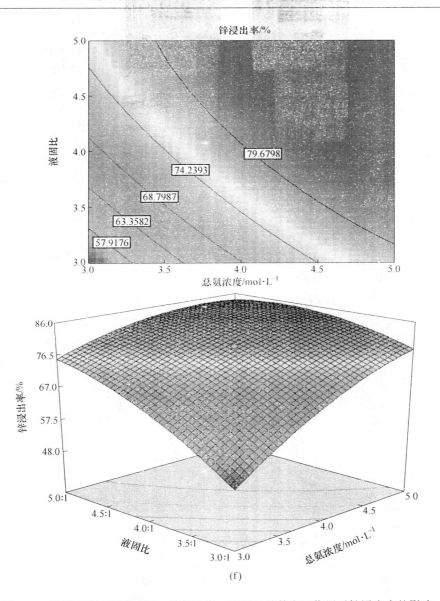

图 5-91 搅拌速度、浸出时间、总氨浓度、液固比及其交互作用对锌浸出率的影响

(a) 浸出时间、搅拌速度及其交互作用对锌浸出率的影响;

(b) 总氨浓度、搅拌速度及其交互作用对锌浸出率的影响;

(c) 液固比、搅拌速度及其交互作用对锌浸出率的影响;

(d) 总氨浓度、浸出时间及其交互作用对锌浸出率的影响;

(e) 液固比、浸出时间及其交互作用对锌浸出率的影响;

(f) 液固比、总氨浓度及其交互作用对锌浸出率的影响

对比图 5-91（a）～（c）发现，与搅拌速度对锌浸出率的影响相比，浸出时间、总氨浓度、液固比对锌浸出率的影响更显著，其波动幅度更明显；对比图 5-91（d）及（e）发现，与浸出时间对锌浸出率的影响相比，总氨浓度、液固比对锌浸出率的影响更显著，结果如图 5-91（f）所示，总氨浓度和液固比的交互作用对锌浸出率的影响最显著。这与之前的模型方差分析结果因素 X_2、X_3、X_4、X_3X_4 及 X_2^2、X_3^2、X_4^2 对锌浸出率均有比较显著的影响吻合。

结合单因素实验研究分析，在搅拌速度的优化区间 250～350r/min 范围内，搅拌速度的提高对锌浸出率没有显著的影响；另外从图 5-91（f）可知，随着总氨浓度的增加锌浸出率增加，液固比对锌浸出率的影响亦是如此，同时增加总氨浓度及液固比锌浸出率显著增加，然后趋于平衡，这是因为，增大总氨浓度的同时增加液固比可从较大程度上同比增加浸出剂分子与含锌矿物的接触概率，因此锌浸出率明显提高，但当总氨浓度及液固比升高到一定程度时，对锌浸出率无影响，由于添加到反应容器内的物料一定，当锌有用矿物与浸出剂的接触面恒定，浸出剂的量足够大且能保持有效的传质速率，与有用矿物间的反应达到最大化时，锌浸出率达到最大值。

D　响应优化结果及验证

通过响应曲面软件的预测功能，对总氨浓度、氨铵比、浸出时间、液固比、搅拌速度和浸出温度进行了优化设计，并根据优化实验的结果进行实验验证，得到实验值和预测值的对比，NH_3-CH_3COONH_4-H_2O 体系配位浸出锌冶金渣尘锌浸出率的优化条件及其模型验证结果见表 5-21。

表 5-21　回归模型优化工艺参数

总氨浓度 /mol·L^{-1}	氨铵比	浸出温度 /℃	浸出时间 /min	液固比	搅拌速度 /r·min^{-1}	锌浸出率/%	
						预测值	实测值
4.78	1:1	25	46.20	4.29	344.78	85.25	84.27

为了检验响应曲面法优化所得参数的准确性，采用优化后的工艺参数进行实验，此条件下两次平行实验得到锌冶金渣尘锌浸出率结果为 84.27%，与预测值 85.25% 的偏差较小，说明采用响应曲面法优化 NH_3-CH_3COONH_4-H_2O 体系配位浸出锌冶金渣尘提锌的工艺参数是可靠的。

5.3.5.4　含锌冶金渣尘浸出机理研究

A　浸出液 FT-IR 分析

图 5-92 对比研究了优化工艺条件下浸出剂溶液及不同浸出时间下浸出含锌

冶金渣尘浸出液的 FT-IR，发现在 1407.49cm^{-1}、1554.80cm^{-1} 及 1633.64cm^{-1} 处存在羧基阴离子特征峰，同时发现 1633.64cm^{-1} 处的羧基阴离子特征峰随着浸出时间的增加逐渐减弱，且在低峰段 1344.17cm^{-1} 及 1267.08cm^{-1} 处出现了羧酸盐振动峰，随浸出时间的增加羧酸盐振动特征峰明显增强，说明羧酸根与锌离子存在配合反应，且随着浸出时间的延长配合反应越明显，同时也说明 CH$_3$COONH$_4$ 的添加促进了锌的溶出。

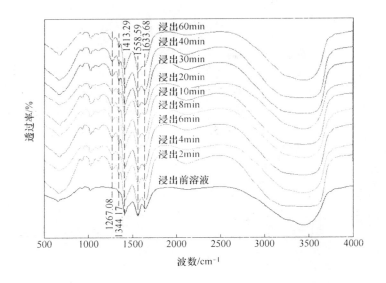

图 5-92　含锌冶金渣尘浸出液的 FT-IR 分析

B　浸出液 ESI-MS 分析

基于以上研究结果表明，添加 CH$_3$COONH$_4$ 作为浸出剂，羧酸取代基基团在浸出过程中发挥了重要作用，结合图 5-92 的 FT-IR 分析，羧酸阴离子能结合 Zn 离子形成新的羧酸盐配合物，为了明确羧酸盐配合物的存在形式及相对稳定性，实验对优化工艺条件下的浸出液进行了正离子模式的 ESI-MS 分析，分析结果如图 5-93 所示。

表 5-22 为 7 种图 5-93 中显示的主要锌配合物的 m/z 值、分子式及碎片离子，图 5-93 及表 5-22 显示浸出液中存在多种锌配合物团簇峰，为进一步确定分析测试得到的锌配合物的可信度，将分析得到的 7 种锌络合物与 Bruker Xmass 6.1.2 软件数据库中理论配合物进行了对比分析，结果如图 5-94 所示。

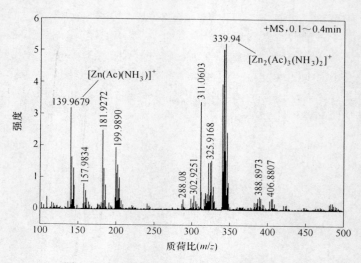

图 5-93　正离子模式下锌浸出液的 ESI-MS 图

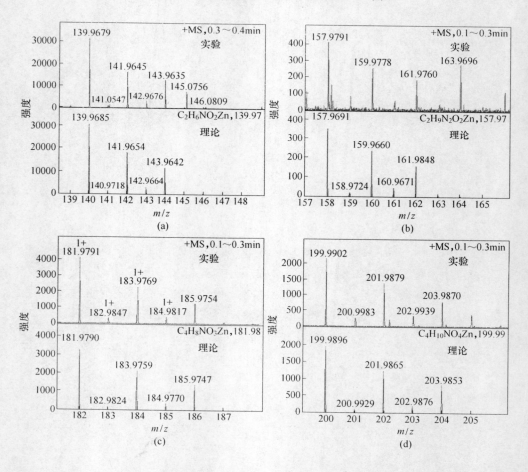

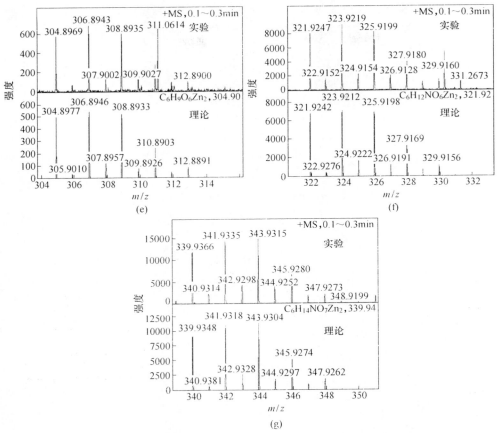

图 5-94 7 种实验所得配合物 m/z 值与 Bruker 数据库理论值对比

(a) 139.9679；(b) 157.9834；(c) 181.9272；(d) 199.9890；
(e) 302.9251；(f) 325.9168；(g) 339.9347

表 5-22 锌浸出液的质谱相关数据

峰	正离子 m/z	分子式
1	139.9679	$[Zn(Ac)(NH_3)]^+$
2	157.9834	$[Zn(Ac)(NH_3)_2]^+$
3	181.9791	$Zn(Ac)_2$
4	199.9902	$[Zn(Ac)_2(NH_3)]$
5	304.8969	$[Zn_2(Ac)_3]^+$
6	321.9247	$[Zn_2(Ac)_3(NH_3)]^+$
7	339.9366	$[Zn_2(Ac)_3(NH_3)_2]^+$

研究结果显示，实验分析值与 Bruker 数据库中的标准配合物匹配度较高，峰 m/z 139.97、157.98、181.98、199.99、304.90、321.92 和 339.94 与理论配合物的 m/z 值相对误差小于 5mDa，分别为 0.6mDa、−0.1mDa、0.8mDa、−2.3mDa、−2.5mDa、−2.9mDa、−3.7mDa 和 −0.6mDa，表明实验测定分析获得的锌配合物是可信的。

C　浸出渣 XRD 分析

图 5-95 对比研究了优化工艺条件下不同浸出时间浸出含锌冶金渣尘浸出渣的物相结构，研究发现随着浸出时间的延长，$Zn_5(OH)_8Cl_2 \cdot H_2O$ 和 ZnO 快速溶解，其特征峰消失明显，同时冶金渣尘中的 KCl 也明显溶于水溶液中；另外，研究发现硅酸锌（Zn_2SiO_4）、硫化锌（ZnS）、铁酸锌（$ZnFe_2O_4$）在 NH_3-CH_3COONH_4-H_2O 体系下没有溶出，且浸出渣中还伴随有 SiO_2 及大量的铁氧化物（Fe_3O_4，Fe_2O_3）。

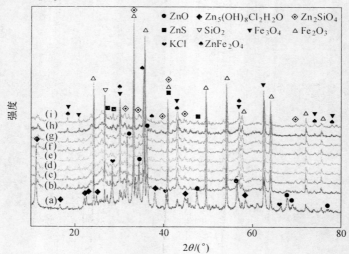

图 5-95　含锌冶金渣尘不同浸出时间下得到浸出渣的 XRD 图谱

(a) 原料；(b) 2min；(c) 4min；(d) 6min；(e) 8min；

(f) 10min；(g) 20min；(h) 30min；(i) 40min

D　浸出渣 SEM-EDS 分析

为进一步研究含锌冶金渣尘在 NH_3-CH_3COONH_4-H_2O 体系中的难浸出矿相，对浸出渣做 SEM-EDS 能谱及 SEM-EDS 面/线扫描分析，结果分别如图 5-96～图 5-98 所示。从图 5-96 可知，浸出渣中因无定型态 ZnO 的快速溶出，在矿物颗粒中形成大量的孔洞，结合图 5-97 分析，未浸出的锌分布在团簇型灰色区域（见图 5-79 中点 C 成分定性分析）；对比图 5-97 中 Zn、O 分别与 Si、Fe，Zn 与 S 的

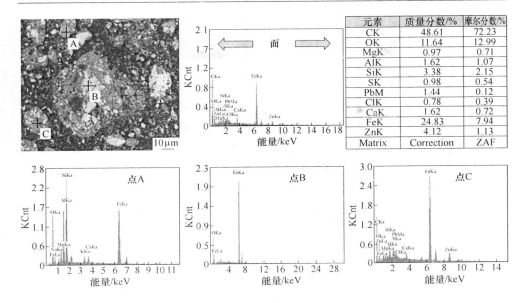

元素	质量分数/%	摩尔分数/%
CK	48.61	72.23
OK	11.64	12.99
MgK	0.97	0.71
AlK	1.62	1.07
SiK	3.38	2.15
SK	0.98	0.54
PbM	1.44	0.12
ClK	0.78	0.39
CaK	1.62	0.72
FeK	24.83	7.94
ZnK	4.12	1.13
Matrix	Correction	ZAF

图 5-96　锌浸出渣 SEM-EDS 能谱

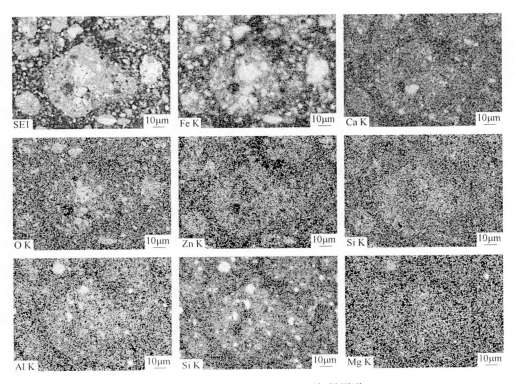

图 5-97　锌浸出渣 SEM-EDS 面扫描图谱

面扫描图谱，发现他们之间存在一定的重合度，并在此表面对 Zn、Fe、Si、S 及 O 做线扫描分析，结果如图 5-98 所示，对比图 5-97 分析实验明确含锌冶金渣尘未浸出的锌物相主要为硅酸锌、硫化锌和铁酸锌。下一步的研究将以含锌冶金渣尘在 NH_3-CH_3COONH_4-H_2O 体系未浸出的锌物相为研究目标，探讨开发高效、同步快速提取含锌冶金渣尘中锌金属多矿相的新工艺。

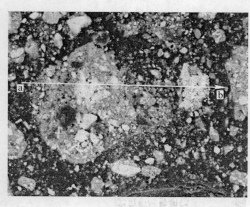
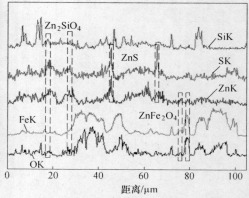

图 5-98　锌浸出渣 SEM-EDS 面扫描图谱

参 考 文 献

[1] 马爱元，郑雪梅，李松，等.含锌钢铁冶金渣尘处理技术现状 [J].矿产综合利用，2020（4）：1~7.

[2] 张建良，闫永芳，徐萌，等.高炉含锌粉尘的脱锌处理 [J].钢铁，2006，41（10）：78-81.

[3] Stepin G M, Mkrtchan L S, Dovlyadov I V, et al. Problems related to the presence of zinc in Russian blast-furnace smelting and ways of solving them [J]. Metallurgist, 2001, 45（9）：382-390.

[4] Romenets V A, Valavin V S, Pokhvisnev Y V, et al. Use of the innovative Romelt technology to process iron-bearing wastes from mines and metallurgical plants [J]. Metallurgist, 2010, 54（5-6）：273-277.

[5] Malviya R, Chaudhary R. Study of the treatment effectiveness of a solidification/stabilization process for waste bearing heavy metals [J]. Journal of Material Cycles and Waste Management, 2004, 6（2）：147-152.

[6] Antrekowitsch J, Steinlechner S. The recycling of heavy-metalcontaining wastes：Mass balances and economical estimations [J]. JOM, 2011, 63（1）：68-72.

[7] 佘雪峰，薛庆国，王静松，等.钢铁厂含锌粉尘综合利用及相关处理工艺比较 [J].炼铁，2010，29（4）：56-62.

[8] 王东彦，陈伟庆.转炉和含锌铅高炉尘泥的物性和物相分析 [J].中国有色金属学报，1998，8（1）：135-139.

[9] 成海芳，文书明，殷志勇.攀钢高炉瓦斯泥的综合利用 [J].矿产综合利用，2007（1）：46-48.

[10] 林高平，邹宽，林宗虎，等.高炉瓦斯泥回收利用新技术 [J].矿产综合利用，2002（3）：42-45.

[11] 张芳，张世忠，罗果萍，等.锌在包钢高炉中行为机制 [J].钢铁，2011，46（8）：7-11.

[12] 于留春.梅山高炉瓦斯泥综合利用的研究 [J].宝钢技术，2004（6）：22-25.

[13] 王东彦，陈伟庆.含锌铅钢铁厂粉尘处理技术现状和发展趋势分析 [J].钢铁，1998，33（1）：65-68.

[14] Strohmeire T, Kaikake A, Sugiuna T. Recent development of wealz kiln for EAF furnace dust [J]. Iron and Steel Engineer, 1996（4）：87-90.

[15] Harada T, Tanaka H, Sugitatsu H, et al. FASTMET process verification for steel mill waste recycling [J]. Kobelco Technology Review（Japan），2001，24：26-31.

[16] 白仕平，张丙怀，伍成波，等.高炉瓦斯泥高效利用的实验研究 [J].中国冶金，2007（6）：40-44.

[17] 胡晓洪，张志芳，黎燕华.高炉瓦斯泥综合利用的研究 [J].矿业快报，2004，20（8）：14-16.

[18] 李本田.高炉瓦斯泥在烧结中的应用 [J].烧结球团，1996（2）：59-62.

[19] 徐修生，陈平. 高炉瓦斯灰中锌元素回收的研究 [J]. 矿业快报，2002（10）：3-4.

[20] 白仕平. 高炉瓦斯泥高效利用的研究 [D]. 重庆：重庆大学，2007.

[21] 魏礼明，黎燕华，胡晓洪. 高炉瓦斯泥的综合利用探讨及应用 [J]. 金属矿山，2004（z1）：493-495.

[22] 丁忠浩，何礼君. 高炉瓦斯泥微泡浮选柱浮选工艺研究 [J]. 武汉科技大学学报（自然科学版），2001，24（4）：353-354.

[23] Jones L W. Interference mechanisms in waste stabilization/solidification processes [J]. Journal of Hazardous Materials，1990，24（1）：83-88.

[24] Andrés A, Irabien J A. The influence of binder/waste ratio on leaching characteristics of solidified/stabilized steel foundry dusts [J]. Environmental Technology，1994，15（4）：343-351.

[25] Hamilton I W, Sammes N M. Encapsulation of steel foundry bag house dusts in cement mortar [J]. Cement and Concrete Research，1999，29（1）：55-61.

[26] Andres A, Ortiz I, Viguri J R, et al. Long-term behaviour of toxic metals in stabilized steel foundry dusts [J]. Journal of Hazardous Materials，1995，40（1）：31-42.

[27] Andrés A, Irabien J A. Solidification/stabilization process for steel foundry dust using cement based binders: Influence of processing variables [J]. Waste Management and Research，1994，12（5）：405-415.

[28] Mikhail S A, Turcotte A M, Aota J. Thermeanalytical study of EAF dust and its vitrification product [J]. Thermochimica Acta，1996，287（1）：71-79.

[29] 刘秉国，彭金辉，张利波，等. 高炉瓦斯泥（灰）资源化循环利用研究现状 [J]. 现代矿业，2007，23（5）：14-19.

[30] 罗文群. 低锌高炉瓦斯泥的资源化研究 [D]. 湘潭：湘潭大学，2011.

[31] 张荣良，李夏. 钢铁厂含锌粉尘综合处理途径分析 [J]. 烧结球团，2013，38（5）：48-51.

[32] 彭开玉，周云，王世俊，等. 钢铁厂高锌含铁尘泥二次利用的发展趋势 [J]. 安徽工业大学学报（自然科学版），2006，23（2）：127-131.

[33] 董方，王南. 回转窑直接还原铁生产的试验研究 [J]. 包头钢铁学院学报，1999，18（2）：151-155.

[34] Fritz D M. Electric Arc Furnace Dust Treatment Symposium Ⅳ [J]. Iron and Steel Engineer，1994，71：53-53.

[35] Kotraba N L, Lanyi M D. Inclined rotary reduction system for recycling electric arc furnace baghouse dust [J]. Iron and Steel Engineer，1991，68（4）：43-45.

[36] 徐刚. 高炉粉尘再资源化应用基础研究 [D]. 北京：北京科技大学，2015.

[37] 王涛，王英钧，陈幼禄，等. 宝钢含锌粉尘用于转炉前期化渣的工艺实践 [J]. 炼钢，2004，20（5）：14-17.

[38] 郭玉华，高岗，韩勇，等. 转炉炼钢污泥冷固结成型实验研究 [J]. 烧结球团，2010，35（1）：30-33.

[39] Puta W D. The Recovery of Zinc from EAF dust by the waltz process [J]. Steel Times，1989，

217 (3)：194-195.

[40] Yamada S, Itaya H, Hara Y. Simultaneous Recovery of Zinc and Iron from Electric Arc Furnace Dust Witha Coke-Packed Bed Smelting-Reduction Process [J]. Iron and Steel Engineer, 1998, 75 (8)：64-67.

[41] 梅毅. 回转挥发窑在锌浸出渣处理中的应用 [J]. 有色金属设计, 2003 (30)：113-118.

[42] 杨建军, 丁朝, 李永祥, 等. 湿法炼锌渣综合利用工艺现状及分析 [J]. 世界有色金属, 2011 (6)：44-46.

[43] 卢宇飞, 熊国焕, 何艳明. 锌冶炼浸出渣资源化利用技术分析 [J]. 云南冶金, 2014, 43 (1)：93-96.

[44] 魏威, 陈海清, 陈启元, 等. 湿法炼锌浸出渣处理技术现状 [J]. 湖南有色金属, 2012, 28 (6)：37-39.

[45] 蒋荣生, 柴立元, 贾著红, 等. 烟化法处理铅锌冶炼渣的生产实践与探讨 [J]. 云南冶金, 2014, 43 (1)：58-61.

[46] 伍贺东. 鼓风炉炼铅炉渣烟化挥发锌的研究 [D]. 昆明：昆明理工大学, 2008.

[47] Zeydabadi B A, Mowla D, Shariat M H, et al. Zinc recovery from blast furnace flue dust [J]. Hydrometallurgy, 1997, 47 (1)：113-125.

[48] Oustadakis P, Tsakiridis P E, Katsiapi A, et al. Hydrometallurgical process for zinc recovery from electric arc furnace dust (EAFD)：Part Ⅰ：Characterization and leaching by diluted sulphuric acid [J]. Journal of Hazardous Materials, 2010, 179 (1)：1-7.

[49] Tsakiridis P E, Oustadakis P, Katsiapi A, et al. Hydrometallurgical process for zinc recovery from electric arc furnace dust (EAFD). Part Ⅱ：Downstream processing and zinc recovery by electrowinning [J]. Journal of Hazardous Materials, 2010, 179 (1)：8-14.

[50] Herck P, Vandecasteele C, Swennen R, et al. Zinc and lead removal from blast furnace sludge with a hydrometallurgical process [J]. Environmental science and technology, 2000, 34 (17)：3802-3808.

[51] Duyvesteyn W P C, Jha M C. Two-stage leaching process for steel plant dusts：U. S. Patent 4, 610, 721 [P]. 1986.

[52] Barrett E C, Nenniger E H, Dziewinski J. A hydrometallurgical process to treat carbon steel electricarc furnace dust [J]. Hydrometallurgy, 1992, 30 (1)：59-68.

[53] 张金保. 从高炉瓦斯灰和炼钢炉的烟尘中回收锌 [J]. 江西冶金, 1992, 1：41-45.

[54] Sethurajan M, Huguenot D, Jain R, et al. Leaching and selective zinc recovery from acidic leachates of zinc metallurgical leach residues [J]. Journal of Hazardous Materials, 2016, 324：71-82.

[55] Fattahi A, Rashchi F, Abkhoshk E. Reductive leaching of zinc, cobalt and manganese from zinc plant residue [J]. Hydrometallurgy, 2016, 161：185-192.

[56] Hollagh A R E, Alamdari E K, Moradkhani D, et al. Kinetic Analysis of Isothermal Leaching of Zinc from Zinc Plant Residue [J]. International Journal of Nonferrous Metallurgy, 2013, 2：10-20.

[57] Orhan G. Leaching and cementation of heavy metals from electric arc furna ce dust in alkaline medium [J]. Hydrometallurgy, 2005, 78 (3): 236-245.

[58] Xia D K, Picklesi C A. Microwave caustic leaching of electric arc furnace dust [J]. Minerals Engineering, 2000, 13 (1): 79-94.

[59] Ashtari P, Pourghahramani P, Zinc Extraction from Zinc Plants Residue Using Selective Alkaline Leaching and Electrowinning [J]. Journal of the Institution of Engineers (India): Series D, 2015, 96 (2): 1-9.

[60] Ashtari P, Pourghahramani P. Selective mechanochemical alkaline leaching of zinc from zinc plant residue [J]. Hydrometallurgy, 2015, 156: 165-172.

[61] Standish N, Worner H. Microwave Application in the Reduction of Metal Oxides with Carbon [J]. 1990, 25 (3): 177-180.

[62] Ding Z Y, Yin Z L, Hu H P, et al. Dissolution kinetics of zinc silicate (hemimorphite) in ammoniacal solution [J]. Hydrometallurgy, 2010, 104 (2): 201-206.

[63] Ding Z Y, Yin Z L, Wu X F, et al. Leaching Kinetics of Willemite in Ammonia-Ammonium Chloride Solution [J]. Metallurgical and Materials Transactions B, 2011, 42 (4): 633-641.

[64] Wang R X, Tang M T, Yang S H, et al. Leaching kinetics of low grade zinc oxide ore in NH_3-NH_4Cl-H_2O system [J]. Journal of Central South University of Technology, 2008, 15: 679-683.

[65] Liu Z Y, Liu Z H, Li Q H, et al. Dissolution behavior of willemite in the $(NH_4)_2SO_4$-NH_3-H_2O system [J]. Hydrometallurgy, 2012, 125: 50-54.

[66] 刘智勇, 刘志宏, 曹志阎, 等. 硅锌矿在 $(NH_4)_2SO_4$-NH_3-H_2O 体系中的浸出机理 [J]. 中国有色金属学报, 2011, 21 (11): 2929-2935.

[67] Li Q X, Chen Q Y, Hu H P. Dissolution mechanism and solubility of hemimorphite in NH_3-$(NH_4)_2SO_4$-H_2O system at 298.15K [J]. Journal of Central South University, 2014, 21: 884-890.

[68] 王杰, 熊玮, 张保平. 高炉瓦斯灰氨法脱锌工艺分析 [J]. 环境科学与技术, 2014, 37 (5): 138-142.

[69] 蒋崇文, 罗艺, 钟宏. 低品位氧化锌矿氨-碳酸氢铵浸出制备氧化锌工艺的研究 [J]. 精细化工中间体, 2010, 40 (3): 53-56.

[70] 张志兵, 石西昌, 刘建华. 高速雾化分解法制取活性氧化锌的研究 [J]. 有色金属: 冶炼部分, 2011 (1): 41-44.

[71] Wang J, Xiong W, Zhang B P. Experimental Study on Zinc Leaching of Blast Furnace Gas Ash by Ammonia Leaching [J]. Advanced Materials Research, 2014, 962-965: 780-783.

[72] 陆凤英, 魏庭贤. 从低品位含锌瓦斯泥制备活必氧化锌的研究 [J]. 浙江化工, 1999, 30 (2): 47-48.

[73] Van H P, Vandecasteele C, Swennen R, et al. Zinc and lead removal from blast furnace sludge with a hydrometallurgical process [J]. Environmental Science and Technology, 2000, 34 (17): 3802-3808.

［74］ Youcai Z, Stanforth R. Integrated hydrometallurgical process for production of zinc from electric arc furnace dust in alkaline medium ［J］. Journal of Hazardous Materials, 2000, 80 （1）: 223-240.

［75］ Orhan G. , Leaching and cementation of heavy metals from electric arc furnace dust in alkaline medium ［J］. Hydrometallurgy, 2005, 78 （3）: 236-245.

［76］ Steer J M, Griffiths A J, Investigation of carboxylic acids and non-aqueous solvents for the selective leaching of zinc from blast furnace dust slurry ［J］. Hydrometallurgy, 2013, 140: 34-41.

［77］ Zheng X M, Ma A Y, Gao H R, et al. Optimization on drying of acid leaching slag by microwave heating using response surface methodology ［C］. TMS, 2019: 501-508.

［78］ Zuo Y G, Liu B G, Zhang L B, et al. Optimization on Drying of Ilmenite by Microwave Heating Using Response Surface Methodology ［C］. TMS, 2014: 637-644.

［79］ Ma A Y, Zheng X M, Zhang L B, et al. Moisture Dependent Dielectric Properties and Microwave Drying Behavior of Zirconium Hydroxide ［C］// Drying, Roasting, and Calcining of Minerals. John Wiley & Sons, Inc. 2015: 97-104.

［80］ Kaganda J, Matsuo T, Suzuki H. The effect of dietary iron levels on changes in iron status and zinc-dependent enzyme activities in rats fed two levels of dietary zinc ［J］. Journal of Nutritional Science & Vitaminology, 2002, 48 （6）: 461-466.

［81］ 尚辉良，阮海峰. 我国再生锌产业现状及预测 ［J］. 资源再生, 2006, 32 （5）: 24-25.

［82］ 李来顺，刘三军，朱海玲，等. 云南某氧化铅锌矿选矿试验研究 ［J］. 矿冶工程, 2013, 33 （3）: 69-73.

［83］ 马爱元，郑雪梅，孙成余，等. 微波技术在材料制备与矿物冶金中的应用 ［J］. 稀有金属, 2020, 44 （10）: 1094~1107.

［84］ 张润宇，王立英，刘超，等. 不同干燥方式对湖泊沉积物磷提取的影响 ［J］. 矿物学报, 2012, 32 （3）: 100-107.

［85］ 朱艳丽. 微波干燥矿物的研究 ［D］. 昆明：昆明理工大学, 2006.

［86］ Duan Z H, Zhang M, Hu Q G. et al. Characteristics of Microwave Drying of Bighead Carp ［J］. Drying Technology, 2005, 23 （3）: 637-643.

［87］ 朱艳丽，彭金辉，张世敏，等. 微波加热干燥在冶金中的应用 ［J］. 云南冶金, 2006, 35 （1）: 34-37.

［88］ 秦文峰，彭金辉，樊希安，等. 微波辐射法干燥仲钼酸铵新工艺 ［J］. 中国钼业, 2002, 26 （6）: 28-31.

［89］ 张世敏，彭金辉，张利波，等. 微波加热中试装置及硫酸铜的干燥 ［J］. 有色金属工程, 2003, 55 （2）: 40-42.

［90］ 范兴祥，彭金辉，张世敏，等. 微波辐射干燥单水氢氧化锂的研究 ［J］. 轻金属, 2003, 13 （6）: 19-21.

［91］ 左勇刚，张利波，刘秉国，等. 响应曲面法优化微波干燥白炭黑研究 ［J］. 材料导报, 2013, 27 （12）: 91-94.

［92］陈梓云，彭梦侠. 微波加热 $Na_3PO_4 \cdot 12H_2O$ 的脱水研究 ［J］. 上海化工，2005，30 (5)：22-23.

［93］Ckles C A. Gao F, Kelebek S. Microwave drying of a low-rank sub-bituminous coal ［J］. Minerals Engineering, 2014, 62 (1)：31-42.

［94］Athayde M, Cota M, Covcevich M. Iron ore pellet drying assisted by microwave：A kinetic evaluation ［J］. Mineral Processing & Extractive Metallurgy Review, 2018, 48 (328)：1-10.

［95］Ekechukwu O V, Norton B. Review of solar-energy drying systems II：An overview of solar drying technology ［J］. Energy Conversion & Management, 1999, 40 (6)：615-655.

［96］Barani K, Koleini S, Rezai B, et al. The Effect of Sample Geometry and Placement of Sample on Microwave Processing of Iron Ore ［J］. Advanced Materials Research, 2012, 488-489 (2)：131-134.

［97］Muthusamy K, Wu Z H, Arun S M. Low-Rank Coal Drying Technologies—Current Status and New Developments ［J］. Drying Technology, 2009, 27 (3)：403-415.

［98］Chiou D, Langrish T. Development and characterisation of novel nutraceuticals with spray drying technology ［J］. Journal of Food Engineering, 2007, 82 (1)：84-91.

［99］陈晓煜，周俊文，刘秉国，等. 辉钼精矿在微波场中的温升行为研究 ［J］. 无机盐工业，2015，47 (7)：12-15.

［100］李健，张利波，彭金辉，等. 响应曲面优化微波干燥铅渣的工艺研究 ［J］. 有色金属（冶炼部分），2012，21 (12)：5-7.

［101］Yue Z, Zhang L B., Peng J H, et al. Optimization of microwave drying of manganese-carbon alloy ball by using response surface methodology ［J］. Chemical Engineering, 2012, 40 (1)：26-29.

［102］左勇刚. 微波低温清洁干燥攀枝花钛精矿工艺研究 ［D］. 昆明：昆明理工大学，2013.

［103］李雨，雷鹰，张利波，等. 钛精矿的微波干燥特性及动力学 ［J］. 中国有色金属学报，2011，21 (1)：202-207.

［104］郭磊. 微波干燥白钨精矿工艺优化研究 ［D］. 昆明：昆明理工大学，2011.

［105］尹少华，林国，彭金辉，等. 响应曲面法优化微波干燥碳酸稀土的试验研究 ［J］. 稀有金属，2016，40 (4)：350-355.

［106］Zhang Y T, Zhang Z, Yuan X Z, et al. Microwave-drying process and mineral phase analysis of low-grade complex laterite ores ［J］. Journal of University of Science & Technology Beijing, 2010, 32 (9)：1119-1123.

［107］刘成龙，夏举佩，自桂芹，等. 基于微波辅助和响应曲面设计提取煤矸石中氧化铝 ［J］. 环境工程学报，2015，9 (10)：5071-5077.

［108］马爱元. 氧化锌烟尘介电特性测定及氯脱除新工艺研究 ［D］. 昆明：昆明理工大学，2013.

［109］Ma A Y, Zheng X M, Wang S X, et al. Study on dechlorination kinetics from zinc oxide dust by clean metallurgy technology ［J］. Green Processing & Synthesis, 2016, 5 (1)：49-58.

［110］Ma A Y, Sun C Y, Li G. J, et al. Separation of Hazardous Impurities from Blast Furnace Dust by Water Vapor Enhanced Microwave Roasting ［C］// 7th International Symposium on High-Temperature Metallurgical Processing. 2016, 19：597-604.

［111］张利波, 马爱元, 彭金辉, 等. 一种水蒸气活化/微波焙烧氧化锌烟尘脱氯的方法及装置［P］. 2015, 专利号：ZL 201310283666. 8.

［112］Li Z Q, Zhang L B, Ma A Y, et al. Dechlorination of Zinc Oxide Dust fromWaelz Kiln by Microwave Roasting［J］. High Temperature Materials & Processes, 2015, 34（3）：291-297.

［113］Li Z Q, Li J, Zhang L B, et al. Response surface optimization of process parameters for removal of F and Cl from zinc oxide fume by microwave roasting［J］. Transactions of Nonferrous Metals Society of China, 2015, 25（3）：973-980.

［114］Zhang L B, Ma A Y, Liu C H, et al. Dielectric properties and temperature increase characteristics of zinc oxide dust from fuming furnace［J］. Transactions of Nonferrous Metals Society of China, 2014, 24（12）：4004-4011.

［115］Wang B B, Li Z Q, Zhang L B, et al. RSM Optimization of Process Parameters for Dechlorination by Microwave Roasting from Zinc Oxide Dust fromWaelz Kiln［J］. Journal of Microwave Power and Electromagnetic Energy, 2014, 48（4）：233-243.

［116］于留春, 高学军. 梅山高炉瓦斯泥综合利用可行性研究［J］. 梅山科技, 2001,（1）：9-12.

［117］魏昶, 王吉坤. 湿法炼锌理论与应用［M］. 昆明：云南科技出版社, 2003.

［118］杨邦明. 会泽铅锌矿湿法炼锌过程中除氟氯的实践［J］. 云南冶金, 1990（5）：13-15.

［119］陈敬阳. 湿法炼锌工艺的氟氯平衡分析［J］. 湖南有色金属, 2008, 24（1）：20-23, 40.

［120］屈伟光. 锌电积过程中添加剂使用的生产实践［J］. 湖南有色金属, 2006, 22（1）：23-24.

［121］王文录. 湿法炼锌中氯的危害及控制［J］. 湖南有色金属, 2007, 23（1）：22-24, 50.

［122］唐道文, 毛小浩, 黄碧芳, 等. 硫酸锌溶液中氟氯净化的实验研究［J］. 贵州工业大学学报（自然科学版）, 2004, 33（1）：15-17, 22.

［123］白桦, 李阳. 多膛炉的设计与改进［J］. 有色冶金节能, 2010, 26（1）：31-32.

［124］曾子高, 窦传龙, 刘卫平, 等. 氧化锌烟灰多膛炉脱卤焙烧的效果强化研究［J］. 矿冶工程, 2007, 27（1）：54-56.

［125］姜澜, 付高峰, 王德全. 选择性氯化焙烧脱除氧化锌烟尘中的氟氯［J］. 有色金属, 2001, 53（3）：28-31.

［126］李华安, 吴志宏. 威尔兹法初级氧化锌煅烧脱杂试验［J］. 云南冶金, 1998, 27（4）：40-43, 47.

［127］尹容花, 翟爱萍, 李飞. 湿法炼锌氟氯的调查研究与控制［J］. 中国有色冶金, 2011（2）：27-29.

［128］Güresin N, Topkaya Y A. Dechlorination of a zinc dross［J］. Hydrometallurgy, 1998, 49（1-2）：179-187.

［129］肖功明. 电弧炉烟尘球团焙烧-洗涤脱卤制备低卤含量氧化锌的试验研究［J］. 有色金

属（冶炼部分），2005（6）：10-12.

[130] 林文军，刘一宁，赵为上，等．氧化锌烟灰中氟氯的脱除方法［P］．中国：200910226711. X，2011-06-29.

[131] 徐家振，李岚，贺家齐，等．高氯氧化锌烟尘浓硫酸脱氯的影响因素［J］．东北大学学报（自然科学版），1998，19（2）：149-151.

[132] Cinar S F, Derin B, Yücel O. Chloride removal from zinc ash［J］. Scandinavian Journal of Metallurgy, 2000, 29（5）：224-230.

[133] 张元福，陈家蓉．针铁矿法从氧化锌烟尘浸出液中除氟氯的研究［J］．湿法冶金，1999，（2）：36-40.

[134] 马华菊，史文革，郑燕琼．复杂成分次氧化锌生产电解锌新工艺研究［J］．中国有色冶金，2010（6）：52-55.

[135] 邹晓勇，宋志红，陈民仁，等．离子交换法从硫酸锌溶液中吸附氯的研究［J］．广州化工，2009，37（2）：145-147.

[136] Godefridus M Swinkels, Horst E Hirsch, Michael J Fairweather, et al. Precipitation of chlorine from zinc sulphate solution［P］. US Patent：4263109，1981.

[137] 窦传龙．溶剂萃取法从硫酸锌溶液中萃取脱氯的试验研究［J］．湖南有色金属，2009，25（4）：21-24，55.

[138] 刘向东，强娟茹．在电解锌生产中利用酸性萃取隔离氟氯的生产工艺［P］．中国：201010216343. 3，2010-11-17.

[139] 魏昶，李存兄，邓志敢，等．含氟、氯硫酸锌溶液中锌与氟氯的分离方法［P］．中国：201010584552. 3，2011-04-20.

[140] 徐家振，李岚，贺家齐，等．氯化亚铜脱氯影响因素的研究［J］．有色金属，1998（6）：8-11.

[141] FJJ Bodson. Process for the elimination of chloride from zinc sulphate solution［P］. US Patent：4005174，1977-1-25.

[142] 李岚，徐家振，贺家齐，等．氧化锌烟尘脱氯研究［J］．中国有色金属学报，1998，8（增刊2）：409-411.

[143] 李春，李自强．氯化亚铜沉淀脱氯反应平衡的研究［J］．湿法冶金，2001，20（3）：152-155.

[144] Sigmund P F, Jaakko I P. Hydrometallurgical method for treating valuable metal raw materials containing chlorides and fluorides［P］. US Patent：4698139. 1987-10-06.

[145] 谢维新．湿法炼锌中电解锌溶液除氟的研究［J］．广西民族学院学报，1996，2（2）：26-30.

[146] 刘国标，单丽梅，马荣峰．镁盐法脱除氧化锌烟尘浸出液中的氟［J］．湿法冶金，2011，30（1）：64-67.

[147] 舒毓璋，雷洪云．硫酸锌溶液除氟工艺［P］．中国：200510048630. 7，2007-05-23.

[148] 王恒全，石安全．锌生产除氟氯工艺的改革试验［J］．云南冶金，1986（4）：40-45.

[149] 李浩毅．评硅胶除氟的有效性［J］．有色金属（冶炼部分），1987（2）：49-51.

[150] 曾勇. 用活性氧化铝脱除硫酸锌溶液中氟的方法 [P]. 中国：102228746A，2011.11.02.

[151] 彭金辉，杨显万. 微波能技术新应用 [M]. 昆明：云南科技出版社，1997.

[152] Al-Harahsheh M, Kingman S W. Microwave-assisted leaching—A review [J]. Hydrometallurgy, 2004, 73 (3-4)：189-203.

[153] 张天琦，催献奎，张兆镗. 微波加热原理、特性和技术优势 [J]. 筑路机械与施工机械化，2008 (7)：10-14.

[154] 金钦汉，戴树栅，黄卡玛. 微波化学 [M]. 北京：科学出版社，1999.

[155] 彭金辉，夏洪应. 微波冶金 [M]. 北京：科学出版社，2016.

[156] 刘书祯，白燕，程艳明，等. 微波技术在冶金中的应用 [J]. 湿法冶金，2011，30 (2)：91-94.

[157] 高丽，王海川，周云，等. 微波加热在冶金中的应用进展 [J]. 安徽工业大学学报，2003，20 (4)：55-58.

[158] Haque K E. Microwave Energy for Mineral Treatment Processes—A Brief Review [J]. International Journal of Mineral Processing, 1999, 57 (1)：1-24.

[159] Kingman S W, Rowson N A. Microwave Treatment of Minerals—A Review [J]. Minerals Engineering, 1998, 11 (11)：1081-1087.

[160] 施尤伊. 微波在矿业中的应用 [J]. 矿业工程，2003，1 (6)：14-18.

[161] 李钒，张梅，王习东. 微波在冶金过程中应用的现状与前景 [J]. 过程工程学报，2007，7 (1)：186-193.

[162] 佟志芳，毕诗文，杨毅宏. 微波加热在冶金领域中应用研究现状 [J]. 材料与冶金学报，2004，3 (2)：117-120.

[163] Doelling M K, Jones D M, Smith R A, et al. The development of microwave fluid-bed processor: 1. Construction and qualification of a prototype laboratory unit [J]. Pharm Res, 1992, 9 (11)：1487-1492.

[164] Kocakusak S, Koroglu H J, Tolun R. Drying of boric acid by microwave heating [J]. Chemical Engineering and Processing, 1998, 37 (2)：197-201.

[165] 彭金辉，郭胜惠，张世敏，等. 微波加热干燥钛精矿研究 [J]. 昆明理工大学学报（理工版），2004，29 (4)：6-9.

[166] 张利波，彭金辉，杨钢，等. 一种微波干燥石油焦的方法 [P].2011，专利号：ZL 200910094436.0.

[167] 王玉棉，王胜. 综合利用锌浮渣制备纳米 ZnO 新工艺 [J]. 有色金属，2005，57 (2)：81-84.

[168] 秦文峰，彭金辉，樊希安，等. 微波煅烧钼酸铵制取高纯三氧化钼新工艺 [J]. 新工艺新技术，2004 (4)：42-44.

[169] 蒋汉祥，梁莉，林琳. 微波加热白云石生产段白的反应机理 [J]. 重庆科技学院学报（自然科学版），2008，10 (1)：36-39.

[170] 魏利，屈战龙，朴慧京. 微波焙烧预处理难浸金矿物 [J]. 过程工程学报，2009，9

（增刊1）：56-60.

[171] 张念炳，白晨光，邓青宇．高硫铝土矿微波焙烧预处理［J］．重庆大学学报，2012，35（1）：82-85.

[172] 黄孟阳，彭金辉，黄铭，等．微波场中不同配碳量钛精矿的吸波特性［J］．中国有色金属学报，2007，17（3）：476-480.

[173] Standish N，Worner H. Microwave Application in the Reduction of Metal Oxides With Carbon［J］. Microwave Power and Electromagnetic Energy，1990，25（3）：177-180.

[174] Standish N，Worner H，Gupta G. Temperature Distribution in Microwave Heated Iron Ore-Carbon Composites［J］. Microwave Power and Electromagnetic Energy，1990，25（2）：75-80.

[175] 肖晓辉．中性浸出-硫氰酸钾容量法测定氧化锌中的氯［J］．江西冶金，2008，28（2）：38-40.

[176] 韦文业．氯离子选择性电极直接测定锌铟电解液中氯离子含量［J］．冶金分析，2011，31（8）：65-68.

[177] 刘敬东，齐峰．离子选择性电极测定岩石矿物中的氯［J］．化学分析计量，2000，9（3）：22-23.

[178] 陈芸平，唐劲松．硫氰酸汞分光光度法测定矿石中氯［J］．岩矿测试，2008，27（6）：497-480.

[179] 杨萍．比浊法测定铅锌精矿中的微量氯［J］．分析试验室，1996，15（1）：84-85.

[180] 李韩璞，张旭，毛圣华．比浊法测定溶液中的微量氯离子的方法改进［J］．江西理工大学学报，2011，32（1）：14-16.

[181] 付一鸣．铅烟化炉氧化锌烟尘焙烧脱氟氯的研究［D］．沈阳：东北大学，1997.

[182] 赵永．从火法炼锌焙烧烟尘中回收锌及其他有价金属的研究［D］．沈阳：东北大学，2009.

[183] 郑雪梅．超声波强化处理含锌、铟复杂物料的新工艺研究［D］．昆明：昆明理工大学，2015.

[184] 华一新．有色冶金概论［M］．北京：冶金工业出版社，2014：173-174.

[185] 魏昶，李存兄．锌提取冶金学［M］．北京：冶金工业出版社，2013：1-15.

[186] 赵丰刚．湿法炼锌浸出渣和水渣的综合利用［D］．沈阳：东北大学，2009.

[187] 王成彦，陈永强．中国铅锌冶金技术状况及发展趋势：锌冶金［J］．有色金属科学与工程，2016，8（6）：1-7.

[188] 张鹏．高氟氯氧化锌烟尘制备电锌新工艺研究［D］．长沙：中南大学，2007.

[189] 郭晓娜．从浸锌渣中回收锌的湿法工艺研究［D］．淄博：山东理工大学，2012.

[190] Havlík T，Vidore S B，Bernardes A M，et al. Hydrometallurgical processing of carbon steel EAF dust.［J］. Journal of Hazardous Materials，2006，135（1-3）：311-318.

[191] Kim Y，Lee J. Leaching Kinetics of Zinc from Metal OxideVaristors（MOVs）with Sulfuric Acid［J］. Metals-Open Access Metallurgy Journal，2016，6（8）：192.

[192] Antrekowitsch J，Antrekowitsch H. Hydrometallurgically recovering zinc from electric arc furnace dusts［J］. JOM，2001，53（12）：26-28.

[193] 刘洪萍. 锌浸出渣处理工艺概述 [J]. 云南冶金, 2009, 38 (4): 34-38.

[194] 梅光贵, 王得顺, 周敬元, 等. 湿法炼锌学 [M]. 长沙: 中南大学出版社, 2001: 1-20.

[195] 雷霆, 陈利生, 余宇楠. 锌冶金 [M]. 北京. 冶金工业出版社, 2013: 1-7.

[196] 孙红燕, 森维, 孔馨, 等. 用盐酸从锌烟尘中浸出铅锌试验研究 [J]. 湿法冶金, 2014, 33 (1): 20-22.

[197] 刘淑芬, 杨声海, 陈永明, 等. 从高炉瓦斯泥中湿法回收锌的新工艺 (I): 废酸浸出及中和除铁 [J]. 湿法冶金, 2012, 31 (2): 110-114.

[198] 郭翠香, 赵由才. 从含铅锌烟尘中综合回收铅和锌 [J]. 化工环保, 2008, 28 (1): 77-80.

[199] 李明建, 陈庆邦. 硫酸浸出处理铜锌废渣生产氧化锌 [J]. 中国物资再生, 1997 (7): 23-27.

[200] 郭天立, 高良宾. 当代竖罐炼锌技术述评 [J]. 中国有色冶金, 2007 (1): 5-6.

[201] 林运驯, 高天星, 李仕雄. 烧结工艺实施自身平衡的生产实践 [J]. 湖南有色金属, 2006, 22 (1): 21-22.

[202] 钟勇. 提高铅锌烧结块率的工业应用研究 [D]. 长沙: 中南大学, 2004.

[203] 张建立. 韶冶铅锌密闭鼓风炉系统 (I) 技术改造及效果 [J]. 有色金属科学与工程, 2007, 21 (2): 48-50.

[204] 刘冬根. 提高 ISP 工艺产能的有效途径 [J]. 湖南有色金属, 2006, 22 (3): 28-29.

[205] 刘明海. 焦洗 ISF 炉结工艺研究与应用 [D]. 长沙: 中南大学, 2004.

[206] 刘朝东. 铅锌密闭鼓风炉内熔炼过程与气粒两相流动的数值模拟研究 [D]. 长沙: 中南大学, 2007.

[207] 曾建生. 国外铅锌富氧烧结生产实践 [J]. 工程技术研究, 2000 (3): 18-21.

[208] 陈德喜, 段力强. 我国电炉炼锌工艺的技术进步与发展 [J]. 有色金属 (冶炼部分), 2003 (2): 20-23.

[209] 徐志峰, 邱定蕃, 卢惠民, 等. 锌精矿氧压酸浸过程的研究进展 [J]. 有色金属工程, 2005, 57 (2): 101-105.

[210] 谢克强. 高铁硫化锌精矿和多金属复杂硫化矿加压浸出工艺及理论研究 [D]. 昆明: 昆明理工大学, 2006.

[211] 刘杰峰. 我国湿法炼锌技术的发展 [J]. 湖南有色金属, 2001, 17 (3): 10-18.

[212] 刘志宏. 国内外锌冶炼技术的现状及发展动向 [J]. 世界有色金属, 2000 (1): 23-26.

[213] 方景礼. 电镀配合物-理论与应用 [M]. 北京: 化学工业出版社, 2009: 434-437.

[214] Meng X H, Han K N. The Principles and Applications of Ammonia Leaching of Metals——A Review [J]. Mineral Processing & Extractive Metallurgy Review An International Journal, 1996, 16 (1): 23-61.

[215] 丁治英. 氧化锌矿物在氨性溶液中的溶解行为研究 [D]. 长沙: 中南大学, 2011.

[216] 唐谟堂, 杨天足. 配合物冶金理论与技术 [M]. 长沙: 中南大学出版社, 2011: 40-53.

[217] 刘智勇. 氧化锌矿物在氨-铵盐-水体系中的浸出机理 [D]. 长沙: 中南大学, 2012.

[218] 刘志雄. 氨性溶液中含铜矿物浸出动力学及氧化铜/锌矿浸出工艺研究 [D]. 长沙：中南大学，2012.

[219] Ma A Y, Peng J H, Zhang L B, et al, Leaching Zn from the Low-Grade Zinc Oxide Ore in NH_3-$H_3C_6H_5O_7$-H_2O Media [J]. Brazilian Journal of Chemical Engineering, 2016, 33 (4)：907-917.

[220] 马爱元，孙成余，罗永光，等. 用 NH_3-$(NH_4)_2CO_3$-H_2O 体系从高炉瓦斯灰中浸出锌试验研究 [J]. 湿法冶金，2020，39 (4)：289-292.

[221] Yang S H, Hao L I, Sun Y W, et al. Leaching kinetics of zinc silicate in ammonium chloride solution [J]. Transactions of Nonferrous Metals Society of China, 2016, 26 (6)：1688-1695.

[222] Ding Z Y, Yin Z L, Hu H P, et al. kinetics of zinc silicate (hemimorphite) in ammoniacal solution [J]. Hydrometallurgy, 2010, 104 (104)：201-206.

[223] Rao S, Yang T Z, Zhang D C, et al. Leaching of low grade zinc oxide ores in NH_4Cl-NH_3, solutions with nitrilotriacetic acid as complexing agents [J]. Hydrometallurgy, 2015：101-106.

[224] Popescu I A, Varga T, Egedy A, et al. Kinetic models based on analysis of the dissolution of copper, zinc and brass from WEEE in a sodium persulfate environment [J]. Computers & Chemical Engineering, 2015, 83：214-220.

[225] 肖松文，肖骁，刘建辉，等. 二次锌资源回收利用现状及发展对策 [J]. 中国资源综合利用，2004 (2)：19-23.

[226] 邱定蕃，徐传华. 有色金属资源循环利用 [M]. 北京：冶金工业出版社，2006.

[227] 马荣俊，肖国光. 循环经济的二次资源金属回收 [M]. 北京：冶金工业出版社，2014.

[228] 郭天立，未立清. 二次锌资源回收行业的发展方向分析 [J]. 中国有色冶金，2010，39 (6)：56-59.

[229] 李栋，王建华，郭晓辉，等. 次氧化锌生产电锌的实践研究 [J]. 有色矿冶，2011，27 (3)：33-37.

[230] 马爱元，张利波，孙成余，等. 高氯氧化锌烟尘微波介电特性及温升特性 [J]. 中南大学学报（自然科学版），2015 (2)：410-415.

[231] Drobíková K, Plachá D, Motyka O, et al. Recycling of blast furnace sludge by briquetting with starch binder：waste gas from thermal treatment utilizable as a fuel [J]. Waste Manage, 2016, 48：471-477.

[232] Chen Y C, Kuo Y C, Chen M R, et al. Reducing polychlorinated dibenzo-p-dioxins and dibenzofurans (pcdd/f) emissions from a real-scale iron ore sinter plant by adjusting its sinter raw mix [J]. Journal of Cleaner Production, 2016, 112：1184-1189.

[233] Tsakiridis P E, Papadimitriou G D, Tsivilis S, et al. Utilization of steel slag for Portland cement clinker production [J]. Journal of Hazardous Materials, 2008, 152：805-811.

[234] Jaafar I, Griffiths A J, Hopkins A C, et al. An evaluation of chlorination for the removal of zinc from steelmaking dust [J]. Minerals Engineering, 2011, 24：1028-1030.

[235] Das B, Prakash S, Reddy P S R, et al. An overview of utilization of slag and sludge from steel industries [J]. Resources, Conservation and Recycling, 2007, 50: 40-57.

[236] Trinkel V, Mallow O, Aschenbrenner P, et al. Characterization of Blast Furnace Sludge with Respect to Heavy Metal Distribution [J]. Industrial & Engineering Chemistry Research, 2016, 55: 5590-5597.

[237] Lanzerstorfer C, Bamberger-Strassmayr B, Pilz K. Recycling of Blast Furnace Dust in the Iron Ore Sintering Process: Investigation of Coke Breeze Substitution and the Influence on off gas E-missions [J]. ISIJ International, 2015, 55: 758-764.

[238] Ma N. Recycling of basic oxygen furnace steelmaking dust by in-process separation of zinc from the dust [J]. Journal of Cleaner Production, 2016, 112: 4497-4504.

[239] Tsai J H, Lin K H, Chen C Y, et al. Chemical constituents in particulate emissions from an integrated iron and steel facility [J]. Journal of Hazardous Materials, 2007, 147: 111-119.

[240] Trinkel V, Mallow O, Thaler C, et al. Behavior of Chromium, Nickel, Lead, Zinc, Cadmium, and Mercury in the Blast Furnace A Critical Review of Literature Data and Plant Investigations [J]. Industrial & Engineering Chemistry Research, 2015, 54: 11759-11771.

[241] Lobato N C C, Villegas E A, Mansur M B. Management of solid wastes from steelmaking and galvanizing processes: A brief review [J]. Resources, Conservation and Recycling, 2015, 102: 49-57.

[242] Hleis D, Fernández-Olmo I, Ledoux F, et al. Chemical profile identification of fugitive and confined particle emissions from an integrated iron and steelmaking plant [J]. Journal of Hazardous Materials, 2013, 250-251C: 246-255.

[243] Orhan G. Leaching and cementation of heavy metals from electric arc furnace dust in alkaline medium [J]. Hydrometallurgy, 2005, 78: 236- 245.

[244] Langová Š, Matýsek D, Zinc recovery from steel-making wastes by acid pressure leaching and hematite precipitation [J]. Hydrometallurgy, 2010, 101: 171-173.

[245] Miki T, Chairaksafujimoto R, Maruyama K, et al. Hydrometallurgical extraction of zinc from CaO treated EAF dust inammonium chloride solution [J]. Journal of Hazardous Materials, 2016, 302: 90-96.

[246] Chairaksa-Fujimoto R, Maruyama K, Miki T, et al. The selective alkaline leaching of zinc oxide from Electric Arc Furnace dust pre-treated with calcium oxide [J]. Hydrometallurgy, 2016, 159: 120-125.

[247] Borisov V V, Ivanov S Y, Fuks A Y. Factory Tests of a Technology for Recycling Metallurgical Sludge that Contains Iron and Zinc [J]. Metallurgist, 2014, 58: 3-10.

[248] Lanzerstorfer C, Kröppl M. Air classification of blast furnace dust collected in a fabric filter for recycling to the sinter process [J]. Resources Conservation & Recycling, 2014, 86: 132-137.

[249] Ma A Y, Zhang L B, Peng J H, et al. Extraction of zinc from blast furnace dust in ammonia

leaching system [J]. Green Processing & Synthesis, 2016, 5 (1): 23-30.

[250] 马爱元, 郑雪梅, 张利波, 等. 乙酸铵浸出高炉瓦斯灰中的锌 [J]. 环境工程学报, 2018, 12 (5): 1547-1556.

[251] Pickles C A. Thermodynamic analysis of the selective carbothermic reduction of electric arc furnace dust [J]. Journal of Hazardous Materials, 2008, 150: 265-278.

[252] Pickles C A. Thermodynamic analysis of the separation of zinc and lead from electric arc furnace dust by selective reduction with metallic iron [J]. Separation and Purification Technology, 2008, 59: 115-128.

[253] Kukurugya F, Vindt T, Havlík T. Behavior of zinc, iron and calcium from electric arc furnace (EAF) dust in hydrometallurgical processing in sulfuric acid solutions: Thermodynamic and kinetic aspects [J]. Hydrometallurgy, 2015, 154: 20-32.

[254] Cantarino M V, Filho C D C, Mansur M B. Selective removal of zinc from basic oxygen furnace sludges [J]. Hydrometallurgy, 2012, s111-112: 124-128.

[255] Dutra A J B, Paiva P R P, Tavares L M. Alkaline leaching of zinc from electric arc furnace steel dust [J]. Minerals Engineering, 2006, 19: 478-485.

[256] Ruiz O, Clemente C, Alonso M, et al. Recycling of an electric arc furnace flue dust to obtain high grade ZnO [J]. Journal of Hazardous Materials, 2007, 141: 33-36.

[257] Diao Y Y, Li J, Wang L, et al. Ethylene hydroformylation in imidazolium-based ionic liquids catalyzed by rhodium-phosphine complexes [J]. Catalysis Today, 2013, 200: 54-62.

[258] Liu Y, Li R, Sun H J, et al. Effects of catalyst composition on the ionic liquid catalyzed-isobutane/2-butene alkylation [J]. Journal of Molecular Catalysis A: Chemical, 2015, 398: 133-139.

[259] Rao S, Yang T Z, Zhang D C, et al. Leaching of low grade zinc oxide ores in NH_4Cl-NH_3 solutions with nitrilotriacetic acid as complexing agents [J]. Hydrometallurgy, 2015, 158: 101-106.

[260] Ejtemaei M, Gharabaghi M, Irannajad M. A review of zinc oxide mineral beneficiation using flotation method [J]. Advances in Colloid and Interface Science, 2014, 206: 68-78.

[261] Kaliva M, Kyriakakis E, Gabriel C, et al. Synthesis, isolation, spectroscopic and structural characterization of a new pH complex structural variant from the aqueous vanadium (V)-peroxo-citrate ternary system [J]. Inorganica Chimica Acta, 2006, 359: 4535-4548.

[262] Levenspiel O. Chemical reaction engineering [M]. New York: Wiley, 1972: 361-371.

[263] Dickinsona C F. Heal G. R. Solid-liquid diffusion controlled rate equations [J]. Thermochimica Acta, 1999, 340: 89-103.

[264] Liu Z X, Yin Z L, Hu H P, et al. Dissolution kinetics of malachite in ammonia/ammonium sulphate solution [J]. Journal of Central South University, 2012, 19: 903-910.

[265] Ding Z Y, Yin Z L, Hu H P, et al. Dissolution kinetics of zinc silicate (hemimorphite) in ammoniacal solution [J]. Hydrometallurgy, 2010, 104: 201-206.

[266] Ma A Y, Zheng X M, Shi S Y, et al. Study on Recovery of Zinc from Metallurgical Solid

Waste Residue by Ammoniacal Leaching [C]. 2019: 291-300.

[267] Ma A Y, Zheng X M, Li S, et al. Zinc recovery from metallurgical slag and dust by coordination leaching in NH_3-CH_3COONH_4-H_2O system [J]. Royal Society Open Science, 2018, 5 (7): 180660.

[268] Ma A Y, Zheng X M, Zhang L B, et al. Clean recycling of zinc from blast furnace dust with ammonium acetate as complexing agents [J]. Separation Science & Technology, 2018, 53 (9): 1327-1341.

[269] Li S W, Li H Y, Chen W H, et al. Ammonia Leaching of Zinc from Low-grade Oxide Zinc Ores Using the Enhancement of the Microwave Irradiation [J]. International Journal of Chemical Reactor Engineering, 2018, 20170055.

[270] Yang K, Zhang L B, Zhu X C, et al. Role of manganese dioxide in the recovery of oxide-sulphide zinc ore. [J]. Journal of Hazardous Materials, 2018, 343: 315-323.

[271] Yang K, Zhang L B, Lv C, et al. Role of sodium citrate in leaching of low-grade and multiphase zinc oxide ore in ammonia-ammonium sulfate solution [J]. Hydrometallurgy, 2017, 169: 534-541.

[272] Yang K, Zhang L B, Lv C, et al. Weiheng Chen and Feng Xie. The Enhancing Effect of Microwave Irradiation and Ultrasonic Wave on the Recovery of Zinc Sulfide Ores [J]. High Temperature Materials and Processes, 2017, 36 (6): 587-591.

[273] Chen W H, Zhang L B, Peng J H, et al. Effects of roasting pretreatment on zinc leaching from complicated zinc ores [J]. Green Processing & Synthesis, 2016, 5 (1): 41-47.

[274] Yang K, Li S W, Zhang L B, et al. Microwave roasting and leaching of an oxide-sulphide zinc ore [J]. Hydrometallurgy, 2016, 166: 243-251.

[275] Yang K, Li S W, Peng J H, et al. Research on Leaching of Zinc Sulfide Ores Through Synergistic Coordination [C]. 7th International Symposium on High-Temperature Metallurgical Processing, 2016: 435-441.

[276] Yang K, Li S W, Zhang L B, et al. Effects of Sodium Citrate on the Ammonium Sulfate Recycled Leaching of Low-Grade Zinc Oxide Ores [J]. High Temperature Materials and Processes 2016, 35 (3): 275-281.

[277] Li S W, Ma A Y, Yang K, et al. Alkaline leaching of zinc from low-grade oxide zinc ore using ammonium citrate as complexing agent [J]. Green Processing & Synthesis, 2015, 4 (3): 219-223.

[278] Zheng X M, Li J, Ma A Y, et al. Zinc Recovery from Zinc Oxide Flue Dust During the Neutral Leaching Process by Ultrasound [C]// Characterization of Minerals, Metals, and Materials 2015, 2015: 563-570.

[279] Li S W, Chen W H, Yin S H, et al. Impacts of ultrasound on leaching recovery of zinc from low grade zinc oxide ore [J]. Green Processing & Synthesis, 2015, 4 (4): 323-328.

[280] 张利波, 马爱元, 李世伟, 等. 一种多配体复合配位氨法浸出高炉瓦斯灰回收锌的方法及装置 [P]. 中国专利 ZL 201510189600.1, 2017.